U0086996

108課綱

113年
統測適用

數位科技概論與應用

超X 60 DAYS 特攻本

今天，我想來點超有料的

Hi~ 同學們：

本書依據 108 課綱主題編輯，包含有「數位科技概論」與「數位科技應用」內容外，並加入跨領域「資訊素養」單元。

除了帶領你們逐一透析統測重點外，更希望陪伴大家建立「自主學習」的習慣，掌握要領就能輕鬆銜接科大生活，創造專屬的斜槓人生！

要領一：規劃倒數 2 個月，每天依序完成 1 個重點單元，本書單元順序是依照「109 至 112 年的考題趨勢分析」，越前面的單元就是累積最多考題的出處來源，更是你的得分關鍵所在。

要領二：最後一週，每天完成 1 回「模擬試題」，先熟悉統測題型，檢視自己的學習狀況，再回頭強化不熟悉的單元。

科技的發展已是光速躍進，更是你我生活的日常，唯有掌握跨領域資訊素養，才能豐富未來人生，成為不被取代的致勝能力。

超人們！一起來超越自己吧～

112/8
博仁老師

★ 108 課綱主題 vs 單元對照表 ★

科目	主題名稱	單元名稱
數位科技概論	CH01 數位科技基本概念	42 電腦演進及分類 23 資料處理方式 40 資料表示法 37 數字系統
	CH02 系統平台	16 作業系統 20 Windows 7/8/10 操作 36 電腦硬體五大單元與匯流排 13 CPU 28 主記憶體 15 輔助記憶體 29 記憶體的比較 27 各類介面與連接埠 18 周邊設備 38 電腦記憶和時間單位
	CH03 軟體應用	17 常用軟體的分類 39 基本工具軟體的操作 04 智慧財產權與軟體授權、封閉與開放文件格式
	CH04 通訊網路原理	12 通訊協定 19 網際網路位址表示法 34 電腦網路硬體概念、網路伺服器
	CH05 網路服務與應用	35 資料通訊 22 網路類別 26 網際網路服務 09 全球資訊網、檔案傳輸、電子郵件 14 雲端運算、大數據 30 物聯網、人工智慧

科目	主題名稱	單元名稱
	CH06 電子商務	07 電子商務
	CH07 數位科技與人類社會	11 資訊與網路安全 33 網路犯罪 21 電腦病毒及網路攻擊模式 43 個人網誌(部落格)、社群網站的應用
數位科技應用	CH08 商業文書應用	01 文書處理
	CH09 商業簡報應用	05 簡報軟體
	CH10 商業試算表應用	03 電子試算表
	CH11 雲端應用	24 雲端應用 10 影音處理 08 數位共創與分享
	CH12 影像處理應用	06 影像原理 32 影像處理
	CH13 網頁設計應用	02 網頁設計
補充教材	資訊素養	25 程式語言基本概念 31 運算思維與程式設計 44 2D 動畫設計 45 3D 列印 41 資料庫系統 46 各類單位 47 計算題攻略 48 專有名詞 49 不可不知 50 112 年四技二專統測試題

目錄

倒數

單元 1. 文書處理 Microsoft Word

單元名稱	單元內容	109	110	111	112	考題數	總考題數
文書處理 Microsoft Word	文件檔案	0	0	0	1	1	18
	編輯	4	2	1	2	9	
	格式	2	2	0	1	5	
	表格	0	1	0	0	1	
	繪圖	0	2	0	0	2	

1. 檔案格式

副檔名	說　明
docx	Word最新版預設的文件格式。
doc	Word 97 - 2003舊版相容的文件格式。
dotx	Word最新版預設的範本格式。
dot	Word 97 - 2003舊版相容的範本格式。
html、htm	網頁格式，各種瀏覽器支援，屬於開放格式。
pdf	可攜式文件，各式PDF閱讀軟體、瀏覽器支援，屬於開放格式。
odt	開放文件格式，不限特定文書軟體就能直接編輯檔案。
txt	純文字，屬於開放格式。
rtf	多文件格式，多種文書軟體支援，屬於開放格式。

2. 其他常見的文書編輯軟體

Google Docs、Writer、KWord等。

3. 檢視模式

模式	工具鈕	說　明
閱讀版面配置		可一次檢視兩頁並自動調整文字大小方便閱讀。
整頁模式		顯示所有的圖文物件、頁首頁尾及尺規。
Web版面配置模式		文件版面的配置與Web瀏覽器一致。
大綱模式		顯示文件的大綱結構。
草稿		不顯示圖文框、頁首頁尾、背景等資料。

4. 檔案管理

工具鈕	快速鍵	功能	工具鈕	快速鍵	功能
	Ctrl+O	開啟舊檔		Ctrl+S	儲存檔案
	Ctrl+N	開新檔案		無	保護文件
無	Ctrl+F4	關閉檔案	無	F12	另存新檔

5. 常用的編輯功能

工具鈕	快速鍵	功能	工具鈕	快速鍵	功能
	Ctrl+X	剪下		Ctrl+Z	復原
	Ctrl+C	複製		Ctrl+Y	取消復原
	Ctrl+V	貼上		Ctrl+Shift+C	複製格式

6. 中英文輸入

(1) 快速鍵：

快速鍵	功能	快速鍵	功能
Ctrl+Space	中英文切換	Shift+Space	全半形切換
Ctrl+Alt+，	螢幕小鍵盤	Ctrl+Shift	輸入法切換

(2) 指法：標準鍵盤上，會在「F鍵」與「J鍵」增設凸起點，讓使用者以食指觸感快速找到基本鍵位置。打字時左手指依序放置鍵盤上的「A　S　D　F」，右手指則在「J　K　L　;」，以上8個按鍵即為**基本鍵**。

7. 文字換列

方式	作　用
新增段落	按**Enter**鍵會產生一新段落，插入點移至新段落符號 ↵ 前。
強迫換列	按**Shift+Enter**鍵會產生新的一列(仍屬於同一個段落)，符號為 ↓ ，並不是新段落。
自動換列	輸入的文字遇到邊界時，自動將插入點移至下一列。

8. 尋找及取代

(1) 尋找：依指定文字或符號進行搜尋，並用醒目色塊標記。

(2) 取代：搜尋到指定文字或符號後，依取代設定要求進行逐一或全部取代。

9. 版面設定

『**版面配置／版面設定／** 』可做以下設定：

(1) **邊界**：設定文件上、下、內、外的大小及紙張直、橫向等。

(2) **紙張**：設定紙張的寬高尺寸、紙張來源等。

(3) **版面配置**：設定奇偶不同、第一頁不同等。

(4) **文件格線**：設定文件內容橫書、直書，以及每頁行數、每行字數。

10. 分隔設定

(1) **分頁設定**：Word在頁滿後會自動將文件分頁，也能選取 鈕設定強迫分頁。

(2) **分欄設定**：選取 鈕可依需求改成數欄顯示，每欄寬度限制最少3個字元。分欄內容的前後會自動加上分節符號來區隔。

(3) **分節設定**：『版面配置／版面設定／分隔符號／分節符號』中插入下一頁，可用來在文件的某個部分建立不同的版面配置或格式。

11. 「顯示／隱藏」 鈕

在『常用／段落』，可以設定要顯示或隱藏段落標記、空格標記、定位點標記等非列印字元。

12. 頁首及頁尾

(1) 位於每頁文件上緣和下緣的地方，只要設定一次，整份文件都會套用同一設定。

(2) 頁首 頁尾 鈕：可以插入及編修頁首及頁尾的內容，如：設定**頁碼、日期與時間、圖片、自行加入文字**等。

(3) 鈕：在『設計／頁面背景』，即可在每一頁加上特定的文字或圖案標記。

13. 定位點

(1) 使文字能整齊的間隔排列，定位點的類型有「**靠左**」、「**置中**」、「**靠右**」、「**對齊小數點**」、「**分隔線**」等五種。

(2) 定位點需配合**定位鍵Tab鍵**來使用。

2 · · 2 · 4 · 6 · 8 · 10 · 12 · 14 · 16 · 18 · 20 · 22 · 24 · 26 · 28

14. 字元格式設定

『常用／字型／ 』或直接按下表中的工具鈕，可以設定所選取的文字格式。

文字格式	工具鈕	文字格式	工具鈕
字型	新細明體	底線	U
字型大小	12	字元框線	A
粗體	B	字元網底	A
斜體	I	字元色彩	A

15. 段落格式設定

『常用／段落／ 』可以設定所選取的段落格式。

(1) **對齊方式**：文字在段落中的分佈情形。

對齊方式	工具鈕	對齊方式	工具鈕
左右對齊		置中對齊	
靠右對齊		分散對齊	
項目編號		項目符號	

(2) **縮排**：段落文字與左右邊界的距離。

(3) **段落間距**：段落與段落之間的距離，可設定與前、後段的距離。

(4) **文字行距**：段落中行與行之間的距離。常用的選項有：

- 單行間距：以最大的字型點數為行距。
- 最小行高：若文字超過行高值，則會自動增加該行的行距。
- 固定行高：若文字超過行高值，超出行距的部份會被截斷。

16. 表格

(1) 表格建立：選取 表格 鈕可建立表格。

(2) 表格美化：選取『表格工具／設計』可以設定表格框線及網底的樣式和顏色。

(3) 表格選取：

範圍	操作方式
單一儲存格	移動滑鼠指標到儲存格的左方，當指標形狀變成 ⬈ 時，按滑鼠左鍵。
任意連續儲存格	移動滑鼠指標到儲存格上，以滑鼠拖曳。
選取整列、多列	移動滑鼠指標到列的最左方，當指標形狀變成 ⬀ 時，按滑鼠左鍵並拖曳。
選取整欄、多欄	移動滑鼠指標到欄的最上方，當指標形狀變成 ⬇ 時，按滑鼠左鍵並拖曳。
整個表格	按表格左上方的 ⊞ 圖示。

(4) 表格編輯：

- **微調**：調整表格大小時，可以按著Alt鍵微調表格框線。
- **合併/分割儲存格**：選取相鄰的多個儲存格，按右鍵選取『合併儲存格』，可合併多個儲存格為一個儲存格。而針對一個儲存格，按右鍵選取『分割儲存格』，可分割為多個儲存格。
- **刪除表格**：選取表格後**按Delete鍵，只會刪除表格內容，空白的表格仍會保留**。欲刪除整個表格，可選取『表格／版面配置／刪除 鈕』來完成。
- **資料排序與運算**：選取『表格工具／版面配置／資料』中的「排序」 鈕，可將表格內的資料進行排序；選取「公式」 鈕，可將表格內的資料進行運算。

17. 圖片

(1) 在『**插入／圖例**』中可以插入圖片、SmartArt、圖案、圖表、螢幕擷取畫面等。

(2) 在『**圖片工具／格式**』中可以調整圖片的色彩、亮度、美術效果、移除背景樣式及大小等。

- 被選取的圖形周圍會出現控制點，**白色控制點**可改變圖形的大小；**某些圖案會出現黃色控制點**可改變**形狀，360度旋轉控制點**可旋轉圖形。
- 「**裁剪**」鈕：可直接裁切掉圖片多餘的部分。
- 「上移一層」/下移一層」鈕：將選取的圖形更改其圖層的上下次序。
- 「**位置**」鈕：設定文繞圖的形式。
- 「**文繞圖**」鈕：可針對需要選擇圖形與文字的排列方式，如：矩形、緊密、文字在前或後、上下、穿透等。

18. 圖案群組

(1) 將多個圖案小物件組成一個大物件，可便利圖文編輯。

(2) **進行群組圖案物件時，須先選取所有物件**，經群組後的大物件仍可和其他物件多層次再群組。

(3) **每次只能取消一層群組的物件**，若物件由多層次群組所組成，則需逐層解開。

(4) **群組後的大物件圖案，仍可直接編輯個別物件的內容。**

19. 合併列印

(1) 分為**主文件**與**資料來源**。主文件可為套印**信件**、**郵件標籤**、**信封**、目錄，**資料來源**為套印各種主文件所需的資料檔，內容格式為**表格**，欄代表資料欄位屬性，列代表資料筆數。

(2) 在**主文件**中利用**插入合併欄位**(即資料來源欄位名稱，插入的欄位會以《 》來區隔)，將資料來源放入主文件中，合併成新文件。

(3) 可依不同條件篩選合併的資料。例如：國文成績超過80分的學生成績單。

20. 列印文件

(1) 在「檔案／列印」，可在右側即時看到預覽編排效果，點選「快速列印」 鈕則可直接印出文件。

(2) 選取『檔案／列印』，可依需要指定列印頁：

- 全部：整份文件。
- 本頁：游標所在的那一頁。
- 指定連續頁碼：「2-5」表示由第2頁連續印到第5頁；「8-」表示由第8頁連續印到最後一頁。
- 指定不連續頁碼：「2,5」表示印出第2和5頁即可；「2-5,8」表示由第2頁連續印到第5頁之外，還有第8頁。

PLAY 考題

紅髮傑克指派魯夫用電腦編排出航海輪值表，魯夫依據指示開啟了Word文書處理軟體，這讓習慣手寫記事本的魯夫非常頭疼，只好上網學習Word使用方法，讓我們一起協助他吧！

(　) 1. 有關Word的檔案儲存類型，下列何者有誤？
(A)文件檔為.docx　(B)純文字檔為.xlsx　(C)網頁檔為.html　(D)範本格式檔為.dotx。

(　) 2. 在Word『檔案／列印』功能選項中，在對話方塊中之「頁面」方框輸入1-3,5,8,11-15時，共列印幾頁？
(A)6　(B)7　(C)15　(D)10。

(　) 3. 在Word中，選取表格後按Delete鍵的作用為何？
(A)刪除表格的內容　(B)刪除整個表格　(C)刪除表格格線　(D)分割表格。

(　) 4. 有關Word的編輯鍵盤快速鍵，下列敘述何者正確？

(A)用 Ctrl+Y 選取物件複製，再用 Ctrl+C 將選取物件貼至目的地
(B)用 Ctrl+A 將物件全選，再用 Ctrl+V 將選取物件貼至目的地
(C)用 Ctrl+X 選取物件剪下，再用 Ctrl+V 將選取物件貼至目的地
(D)用 Ctrl+Z 可以將選取物件清除。

( ) 5. 有關Word的「複製格式」鈕，下列何者有誤？
(A)連按兩下工具鈕，可以進行多次複製格式
(B)選取來源物為文字時，則只會複製文字格式
(C)選取來源物為段落時，則會複製文字格式與段落格式
(D)可複製物件格式及內容。

( ) 6. 在Word中最適合檢視文件整體編排效果的模式為？ (A)Web版面配置 (B)整頁模式 (C)閱讀版面配置 (D)大綱模式。

( ) 7. 在Word的『常用／段落』功能中，無法完成下列的哪一種效果？ (A)設定分散對齊 (B)設定左邊縮排3公分 (C)設定文字為紅色 (D)設定與前段距離2列。

( ) 8. 下列對於Word操作的敘述，那一種說法是正確的？ (A)可以使用PDF格式的檔案作為合併列印的資料來源 (B)按 Shift+Enter 鍵會產生新的段落 (C)按表格左上方的 ⊞ 圖示可以選取整個表格 (D)選取『常用／段落』可以設定文件以直書方式呈現。

( ) 9. 有關Word的操作，下列何者有誤？ (A)按 Shift 鍵可點選多個物件 (B)套用文字藝術師可將文字圖形化 (C)選取文繞圖方式為「矩形」可讓文字與圖形並列 (D)若設定文字行距為「最小行高18點」時，當文字或圖片超過行高值，超出行距的部份會被截斷。

( ) 10. 下列何者不是MS Word可設定圖形與文字的排列方式？ (A)矩形 (B)文字在前 (C)緊密 (D)左及右。

APP 解答

1	B	2	D	3	A	4	C	5	D	6	B	7	C	8	C	9	D	10	D

Smart 解析

1.(B) 純文字檔為.txt。

2.共列印第1,2,3,5,8,11,12,13,14,15共10頁。

5.(D) 只能複製物件格式，無法複製物件的內容。

7.(C) 設定文字為紅色須從『常用／字型』來設定。

8.(A) 無法直接使用PDF格式的檔案作為合併列印的資料來源。

(B) 按 Shift + Enter 會產生新的一列，而不是新的段落。

(D) 設定文件以直書方式呈現可從『版面配置／版面設定／直書/橫書』來設定。

單元 2 網頁設計

單元名稱	單元內容	109	110	111	112	考題數	總考題數
網頁設計	網頁設計	6	5	2	2	15	15

1. 網頁設計原則

(1) 版型精簡、畫面美觀。

(2) 主題清晰、可讀性良好。

(3) 下載流速快、資訊常更新。

(4) 跨載具兼容性良好。

(5) 具搜尋引擎最佳化(SEO)。

2. 網頁設計軟體

(1) 網頁設計軟體：**Dreamweaver**、**RapidWeaver**、KompoZer、BlueGriffon、Google Web Designer、SublimeText3等。

(2) 文字編輯器：透過記事本、Visual Studio Code、Notepad++、PSPad、UltraEdit等編輯工具，使用者自行編寫HTML語法。

(3) Microsoft Office軟體：透過Word、Excel等軟體，直接將文件另存成網頁格式，可直接掛載於網站展示。

(4) **網頁編輯平台**：Google協作平台、Wordpress、Wix、Weebly等，透過直覺式的圖形化編輯介面，可快速套用版型、減少程式碼編輯障礙，付費版可再支援電子商務、行銷等功能服務。

3. 網頁伺服器軟體

(1) **IIS**：專屬Windows作業系統的網頁伺服器軟體。

(2) **Apache**：**開放原始碼**的免費網頁伺服器軟體，可在大多數電腦作業系統中執行。

(3) **Google Web Server**：屬於Google Chrome的擴充功能，是免費開源的服務，也適用於小筆電ARM chromebook上執行。

4. 網站架設軟體

(1) 透過架站軟體可在指定電腦上執行網站伺服器服務。

(2) 網站架設軟體：架設網站除了要Web Server 外，還有資料庫Database Server，常見的搭配方式有IIS＋MS SQL及Apache＋MySQL。

(3) **LAMP**：架設網站時常需要啟動多項服務，透過這套免費自由軟體，內含多種服務套件，在Linux系統上運行相容性極高：Linux＋Apache＋MySQL＋PHP。

5. HTML(超文字標註語言)

(1) HTML是專門用來**撰寫網頁的語言**。而**HTML 5是由HTML、CSS與JavaScript三大技術整合而成的網頁開發方案**。

(2) HTML 5還提供豐富的**應用程式介面(API)**，讓網頁設計者可以直接呼叫特定服務的函式來加速完成工作，如：繪圖、離線網頁應用程式、地理位置等。

(3) 常見支援HTML 5的瀏覽器：Google Chrome、Opera、Apple Safar、Microsoft Edge、Mozilla Firefox。

(4) 網站中的**首頁**是以**index**或**default**做為主檔名稱，常見的副檔名為.htm、.html、.asp和.php。

(5) HTML的語法：HTML文件是由標籤(Tag)及文件內容所組成。透過語意標籤能更容易理解語法所對應的網頁內容與架構。而文件內容可以是文字、圖形、表格、影音多媒體等素材。

(6) 在HTML標籤(Tag)中，英文字母的大小寫，不影響功能。

(7) HTML文件的基本結構：

```
<!doctype html>
<html>
<head>
<title>網頁的標題</title>
</head>
：

<body>
網頁的主要內容
：
</body>
</html>
```

(8) 在HTML語法中，具有層次排列的相互對稱特性。如：以<x><y><z>開始的標籤，則結尾標籤需以反向的順序排列，即</z></y></x>。

(9) 在Edge和Google Chrome，從選單上『更多工具／開發人員工具』，或直接用快速鍵 Ctrl + Shift + I 即可檢視網頁原始碼。

(10) 常用的HTML語法標籤：

語法標籤	說　明
<html> </html>	宣告一份html文件的開始與結束。
<head> </head>	宣告html文件的開頭部分。
<body> </body>	宣告html的主體部分。
<title> </title>	中間所夾的文字，即是在瀏覽器的標題列所看到的文字。
<object> </object>	加入內嵌物件，用來在網頁內直接引用設計好的物件。
<!-- -->	加入註解文字要放在<!--與-->之中。
 	跳行。
<p> </p>	分段落，功能相近 ，但行距較大。

語法標籤	說　明
<hr>	加入水平的分隔線。
<h1> </h1> … <h6> </h6>	① 設定段落標題文字的大小，常用的有六個，其中<h1>最大，<h6>最小。 ② 這些標題需獨立成一行。
<b> </b> <strong></strong> <i> </i> <em></em> <u> </u> <ins></ ins>	文字以粗體(bold)呈現。 標示重點，效果同上。 文字以斜體(italic)呈現。 標示強調，效果同上。 文字加上底線(underline)。 新增內容，效果同上。
<img src="圖片檔名">	① 表示插入一張圖片，圖片檔名需加上圖片所在位置的路徑(絕對路徑或相對路徑)。 ② 可加入圖片屬性的控制。 如：(n代表像素大小) • border="n"　邊框大小 • height="n"　高度大小 • width="n"　寬度大小 • alt="文字"　游標置於圖片上時顯示的文字 ③ 網頁上支援的圖檔格式常見的有：GIF、JPEG、PNG。
<**a href**="連結位址"> 文字或圖片</a>	① 連結網址：分為絕對路徑網址和相對路徑網址。 • 絕對路徑網址：包含完整位址，包括通訊協定、網頁伺服器、路徑和檔案名稱。 • 相對路徑網址：網頁相對路徑位址。 • 開啟電郵為「**mailto:電子郵件信箱**」。 ② 開啟目標框架設定：target="框架名稱" • _self ：在原視窗中開啟 • _blank ：在新視窗中開啟 • _top ：在最上層視窗中開啟 • _parent ：在父系視窗中開啟

語法標籤	說　明
<a href="#錨點名稱"> 文字</a>	① 透過錨點執行頁內超連結。 ② 用id屬性，指定唯一的識別字做對應。 id= "#錨點名稱"。
<table> </table>	① 插入表格。 ② 中間可加入表格屬性的控制。 如：(n代表像素大小) • border="n"　邊框大小 • height="n"　高度大小 • width="n"　寬度大小
<tr></tr> <td></td>	① <tr></tr>會產生一列。 ② <td></td>會產生一個儲存格。
<video src="檔案位址" 控制屬性…> </video>	① 直接由瀏覽器做控制。 ② 影片的控制屬性： • autoplay　載入網頁同時自動播放 • loop　重複播放 • controls　顯示瀏覽器的控制面板 • muted　影片靜音 ③ 支援的格式：webm、mp4、ogg。
<audio> </audio>	① 直接由瀏覽器做控制。 ② 聲音的控制屬性： • autoplay　載入網頁同時自動播放 • loop　重複播放 • controls　顯示瀏覽器的控制面板 • muted　影片靜音 支援的格式：AAC、mp3、ogg。

6. 影像地圖

在指定的圖片上建立區塊並設定超連結，當圖片被點選到特定區域時，就會觸發連結到對應的動作或內容。

7. XML(可延伸標記語言)

XML允許使用者自行定義標籤(Tags)名稱與結構，方便網頁與應用程式之間容易讀取及傳遞資料。屬於HTML的延伸規格，常見的副檔名為**.xml**。

8. XHTML(可延伸超文件標記語言)

XHTML相容於HTML語法，且有更嚴謹的語法限制，是HTML進展到XML的過渡方案。常見的副檔名是**.xhtml**。

9. VRML(虛擬實境建構語言)

是用來描述三度空間場景的一種網頁語言格式，可用來建立三度空間物件、景象、以及虛擬實境的展示。常見的副檔名是 .wrl或**.world**。

10. Script腳本語言

(1) 專門製作動態特效、互動式遊戲等，可增添網頁呈現效果。

(2) 在瀏覽器上執行的有VBScript、JavaScript，在伺服器上執行的有ASP、PHP、JSP。

(3) **JavaScript程式碼**，能讓瀏覽器直譯轉換成對應的動作，減少伺服器的工作量，並提高網頁互動性，如：動畫、觸發事件等。

(4) **JavaScript程式碼**就是HTML文件，包含在<head>或<body>結構裡均可，嵌在<script>與</script>標籤內。

(5) **JavaScript基本結構**：

```
<script>
      var txt=" Hello JavaScript!" ;
      do7cument.write(txt);
</script >
```

11. CSS與RSS

(1) 透過**階層樣式表(CSS)**可建立樣式標準的網頁，並達到快速美化網站的效果。主要是控制網頁外觀，規格化網頁中圖文、表格等排版效果，並加入動畫等視覺特效，精簡原有HTML結構。

(2) **CSS會區分大小寫英文字母**，此與HTML不同，須留意維持一致的命名規則。此外，**註解符號為/* */**也與HTML不相同。

(3) **CSS的樣式一定要包覆在**<head>底下，並用<style>做設定。包含有「選擇器」和「屬性設定」兩部份。其中，「選擇器」會隨對象不同而有多種類別。

(4) CSS的語法結構：

```
<head>
        <style>
                h1{color: #FF0000; }
               /*將標題的文字設定為紅色*/
        </style>
</head>
```

(5) 透過**RSS**訂閱BLOG、新聞及留言板等服務，就可用各式RSS閱讀軟體立即讀到最新匯集完成的文章、新聞及留言，而不需再逐一尋找。

12. CMS

(1) **CMS**(Content Management System，**內容管理系統**)，將通用功能模組化以便快速套用，例如：會員系統、討論區、新聞公告系統等，可加快網站開發的速度以及減少網頁開發的成本，讓網站架設與網頁設計有效整合。

(2) 常見的CMS：**WordPress**、**XOOPS**、**Joomla !**和**Drupal**，皆是開放源碼的自由軟體(Free Software)。

13. Web 1.0 / Web 2.0 / Web 3.0/ Web 4.0

(1) Web 1.0是**單向提供資訊**，例如：奇摩氣象、學校官網。

(2) Web 2.0是**雙向互動的**資訊交流，例如：維基百科、社群網站、奇摩知識+、網路論壇等。

(3) Web 3.0為**雙向的智能服務**，例如：Facebook的表情功能，透過使用者按讚行為，進一步記錄、分析使用者與好友間的關聯性，以及使用者網路的偏好行為。

(4) **Web 4.0為全面Web化的智慧物聯網時代**(AIoT)，如：購物網站會自動收集消費者行為，並彙整、比對其他使用者行為後，主動推薦適合的資訊給消費者，其中融合有大數據、人工智慧…等技術，以達到精準行銷的商業目的。

14. 無障礙網頁

為了讓身心障礙人士、年長或年幼者等各種不便者，都能順利閱讀網頁資訊，以及流暢操控網頁功能。因此，設計網頁必須從「網頁內容設計、使用者代理、輔助科技」三個面向全面考量，才能讓網站達成無障礙化，再依其符合的各項成功準則數，頒予三種檢測等級：A、AA、AAA，AAA為最高等級。

15. 響應式網頁設計(RWD，Responsive Web Design)

利用**CSS**來設計網頁，不用像素而是以百分比方式設計網頁寬度，採用「**液態排版(Liquid Layout)**」網頁技術，可讓網頁頁面在不同設備(如：桌機、平板電腦、智慧型手機等)或不同畫面解析度下，皆可正常瀏覽顯示，提供最佳的視覺效果。

PLAY 考題

薇薇公主繼承阿拉巴斯坦王國的王位後，大力推動科技翻轉，她想透過新網站，讓人民快速接收到疫情的最新訊息。所以，特別召集

網站開發團隊與科技大臣糖葫蘆，一起商討開發網站時須注意的各項技術問題。

( ) 1. 請問薇薇公主的網站開發團隊，不適合使用下列哪一種應用軟體來編輯網頁？
(A)Outlook (B)Word (C)記事本 (D)Dreamweaver。

( ) 2. 下列哪一種應用軟體，兼具編輯製作網頁與管理網站的功能？ (A)Dreamweaver (B)Word (C)小畫家 (D)Excel。

( ) 3. 下列有關網頁製作的敘述，何者正確？ (A)在HTML標籤語法中，若其順序為<A><B><C>開始的標籤，其結尾必須以相同的順序</A></B></C>來排列 (B)在HTML檔的原始碼中含有「<p>xyz</p>」，其作用為將xyz獨立成一段 (C)在HTML標籤語法中，可製作超連結的是<!--網址--> (D)<img src="圖形檔名">可以利用連結放入圖片，網頁上支援的圖檔格式有GIF與TIFF。

( ) 4. 下列四種語言，哪一種不屬於網頁語言？
(A)XML (B)ASP (C)Visual Basic (D)JavaScript。

( ) 5. 若疫情指揮中心想提供一些增強免疫力的食譜，以及食材圖片給開發團隊編輯網頁，試問網頁上支援的圖檔格式通常不包含下列哪一種？
(A)GIF (B)PNG (C)TIFF (D)JPEG。

( ) 6. 在HTML標籤語法中，下列哪一項不正確？
(A)<html> </html>是宣告一份HTML文件的開始與結束 (B)<table> </table>可插入表格 (C)<body>…</body>是宣告主體部分 (D)<head> </head>是呈現在瀏覽器的標題列所看到的文字。

( ) 7. 執行下列HTML 標籤語法，則網頁輸出的結果為何？
(A) 追分成功 (B) 追分 成功 (C) 追 分 成 功 (D) 追分 成功。

```
<html>
<table border="1">
<tr><td>追分<br>成功</td></tr>
</table>
</html>
```

(　) 8. 下列何者為最高等級的無障礙網站標章，代表該網站可以讓身心障礙者順利操作？　(A)　(B)　(C)　(D)。

(　) 9. 介紹皇宮的網頁以三度空間的方式來呈現館藏文物，這是使用下列哪一種網頁語言的技術？

(A)HTML　(B)XML　(C)PHP　(D)VRML。

(　) 10. 下列敘述何者有誤？　(A)CSS(樣式表)用來定義網頁資料的樣式及特殊效果　(B)透過RSS可訂閱BLOG、新聞及留言板等服務　(C)VRML屬於HTML的延伸規格可讓設計者自行定義標籤　(D)CMS適合用來發展討論區、會員及新聞公告系統等的動態網站。

APP 解答

1	A	2	A	3	B	4	C	5	C	6	D	7	B	8	D	9	D	10	C

Smart 解析

3.(A) 開始若順序為<A><B><C>，其結尾必須以</C></B></A>順序排列。

(C) 可製作超連結的是<A HREF="網址">文字或圖片</A>。

(D) TIFF主要作為印刷輸出用，放在網頁上並不適合。

5. TIFF適用於印刷輸出。

6.(D) <head> </head>：宣告HTML文件的開頭部分。

9.(C) PHP：在網頁伺服器執行的腳本語言，經常用來設計網路資料庫的應用程式。

單元 3. 電子試算表 Microsoft Excel

單元名稱	單元內容	109	110	111	112	考題數	總考題數
電子試算表 Microsoft Excel	工作環境	0	1	0	0	1	14
	公式與函數	4	1	2	3	10	
	資料處理	0	1	1	1	3	

1. 檔案格式

(1) 活頁簿的副檔名：**.xlsx**(2007之後版本)、.xls。
範本檔的副檔名：**.xltx**(2007之後版本)、.xlt。

(2) Excel 2010之後的版本可設定將整個活頁簿、作用工作表、選定的範圍儲存成**.pdf**檔案類型。

2. 檔案結構

(1) 由小到大為：儲存格→工作表→活頁簿(檔案)。

(2) 活頁簿預設名稱：**活頁簿1**、活頁簿2…。

(3) 工作表：

- 預設名稱為工作表1、工作表2…。一本活頁簿中可包含多張工作表，最少為一張。
- 由欄與列組成，欄(橫)以英文字母(A、B…AA、AB…)表示，列(直)以阿拉伯數字(1、2…)表示。
- **刪除的工作表無法被復原**。

(4) 儲存格：

- **儲存格**名稱：如欄A與列1的交集儲存格稱「**A1**」儲存格。

- 範圍表示：右圖儲存格範圍為「**A1：C3**」，共包含9個儲存格。

	A	B	C	D
1				
2				
3				
4				
5				

- 選取方式：

範　圍	方　式
單一儲存格	以滑鼠 ✚ 直接點選
不相鄰儲存格	按住**Ctrl**鍵不放，再一一點選
相鄰儲存格	① 直接以滑鼠**拖曳選取** ② 先選取連續範圍中的第一個，按住**Shift**鍵不放，再以滑鼠選取最後一個
整列	以滑鼠 ➡ 按列標題
整欄	以滑鼠 ⬇ 按欄標題
整張工作表	按工作表左上方的「工作表全選鈕」

3. 資料編輯

(1) 編輯內容：

- 按 F2 鍵可修改作用儲存格內容。
- 若要將數字以文字的方式處理，輸入時要在數字前加「'」符號。
- 按 Alt + Enter 鍵可在輸入資料時讓資料在同一個儲存格內換列顯示。
- 按 Delete 鍵：只能清除儲存格的內容，選取『常用／編輯／清除』可選擇清除格式、內容、註解、超連結或全部。

(2) 資料類別：**預設為「通用格式」**。

- 文字：預設**靠左對齊**，欄寬不足時只會顯示部份內容。
- 數字：預設**靠右對齊**，欄寬不足時會以##符號顯示。

4. 自訂數字格式

(1) #：只顯示有效位數，整數最左邊的0和小數最右邊的0則皆不顯示。

(2) 0：顯示無效的零值，不足的位數皆顯示為0。

(3) ，：千分位分隔符號。

(4) ?：在小數點兩邊替無效的零加入空間，讓小數點對齊。

自訂格式代碼	儲存格資料	顯示結果
####.#	12345.6789	12345.7
#.000	5.6	5.600
#,##0	60000	60,000
?.???	3.1 5.666	3.1 5.666
# ??/??	3.25 16.5	3 1/4 16 1/2

5. 公式與函數

(1) 公式或函數之前，須加上「＝」符號，否則會視為文字。

(2) 在公式或函數中加入文字時文字須加上雙引號「""」，文字與公式或函數之間須加上「&」符號，如：「＝"總計" & SUM(D2：D50) &"人"」。

(3) 按「插入函數」fx 鈕，可以經由Excel引導使用內建函數。

(4) 按「加總」Σ ▾ 鈕可直接加總所選取範圍中的資料。

(5) 公式與函數可以引用不同工作表或活頁簿的儲存格資料。

6. 常用的函數

函　數	功　能	範　例
SUM	計算總和	＝SUM(D2:D6) 計算D2～D6總和

函　數	功　能	範　例
SUMIF	計算符合條件的數字總和	＝SUMIF(D2:D6,"＞50") 計算D2～D6中大於50的數字總和
SUMPRODUCT	計算範圍中各對應儲存格的乘積總和	＝SUMPRODUCT(B1:B2,D1:D2) 計算B1*D1＋B2*D2的數字總和
AVERAGE	計算平均值	＝AVERAGE(D2:D6) 計算D2～D6平均值
MAX	找出最大值	＝MAX(D2:D6) 找出D2～D6中的最大值
MIN	找出最小值	＝MIN(D2:D6) 找出D2～D6中的最小值
RANK	找出排名	＝RANK(D2,$D$2:$D$6,0) 找出D2在D2～D6中的排名，第3個引數為0或省略代表遞減，其他數值代表遞增
COUNT	計算數值資料的儲存格個數	＝COUNT(D2:D6) 計算D2～D6含有數值資料的儲存格個數
COUNTIF	計算符合條件的儲存格個數	＝COUNTIF(D2:D6,"甲") 計算D2～D6資料為「甲」的儲存格個數
COUNTA	計算含有資料的儲存格個數	＝COUNTA(D2:D6) 計算D2～D6含有資料的儲存格個數
IF	條件判斷	＝IF(D2＞＝60,"甲","乙") 如果D2＞＝60成立，顯示「甲」，不成立則顯示「乙」
VLOOKUP	垂直查表傳回資料(表中的資料需事先排序)	＝VLOOKUP(D2,$F$3:$H$12,2,TRUE) 於絕對位址F3～H12中尋找D2值，並傳回第2欄的資料。第4個引數為TRUE或省略代表會尋找完全或大約符合的值，FALSE則會尋找完全符合的值

函　數	功　能	範　例
HLOOKUP	**水平**查表傳回資料(表中的資料需事先排序)	=HLOOKUP(B2,$A$18:$I$20,3,FALSE) 於絕對位址A18～I20中尋找B2值，並傳回第3列的資料
INT	取不大於引數的最大整數值	=INT(8.9) 取不大於8.9的最大整數為8 =INT(-8.9) 取不大於-8.9的最大整數為-9
ROUND	取四捨五入值	=ROUND(2.784,1)=2.8 2.784取小數第1位四捨五入為2.8
NOT	傳回相反值	=NOT(TRUE)=FALSE =NOT(FALSE)=TRUE
AND	傳回所有引數是否皆為真	=AND(TRUE,TRUE)=TRUE =AND(TRUE,FALSE)=FALSE
OR	傳回是否有任一引數為真	=OR(TRUE,FALSE)=TRUE =OR(FALSE,FALSE)=FALSE

7. 公式與函數的複製

(1) 可以直接用「**拖曳填滿**」的方式，將公式或函數複製填滿至所選取的範圍。

例 A1、A2、A3儲存格中的數值分別為1、2、3，若B1儲存格的公式為「=A1+A2」，利用「拖曳填滿」的方式複製公式到B2、B3及C1、C2、C3。

	A	B	C
1	1	3	
2	2		
3	3		

	A	B	C
1	1	3	8
2	2	5	8
3	3	3	3

儲存格	公式	值
B1	= A1+A2	3
B2	= A2+A3	5
B3	= A3+A4	3
C1	= B1+B2	8
C2	= B2+B3	8
C3	= B3+B4	3

(2) **儲存格參照位址**的類型：

位址類型	表示方法	說　　明
相對參照	A1	隨著公式複製的位置而改變
絕對參照	**$A$1**	**不會隨著公式複製的位置而改變**
混合參照	A$1或 $A1	列或欄獨立相對或絕對參照

例 「B1」儲存格公式為「＝A2＋$B3＋C$4＋$D$5」，將「B1」複製到「F3」時，則「F3」的公式為「＝E4＋$B5＋G$4＋$D$5」。公式的複製，依相對參照及絕對參照推演：

「**B→F**」往後4個順位，以「**+4**」代表。

「**1→3**」往後2個順位，以「**+2**」代表。

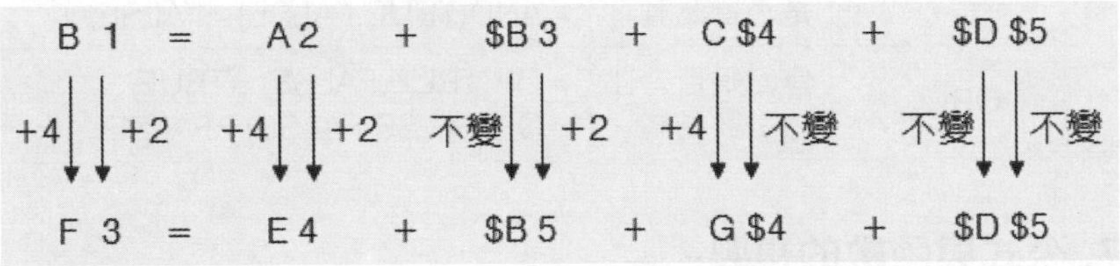

B1	=	A2	+	$B3	+	C$4	+	$D$5
+4 ↓ ↓ +2		+4 ↓ ↓ +2		不變 ↓ ↓ +2		+4 ↓ ↓ 不變		不變 ↓ ↓ 不變
F3	=	E4	+	$B5	+	G$4	+	$D$5

8. 統計圖表

(1) 圖表類型：

- 顯示**實際數值**，例如：**直條圖**、橫條圖 。
- 顯示**數值比例**，例如：**圓形圖**、環圈圖 。
- 顯示兩個**數值關係**，例如：XY散佈圖、雷達圖。

(2) 圖表位置：可置於原來的工作表中，或自行獨立成一張工作表。

9. 資料排序

(1) 先選取資料範圍，再選取『**資料／排序與篩選／排序**』。

(2) 可同時設定**64個排序鍵**(Excel 2003最多可設定3個)。

(3) 按「**遞增排序**」A↓Z 鈕或「**遞減排序**」Z↓A 鈕，只能以目前所在的欄位為主要鍵做「**單鍵排序**」。

(4) **數字依數值大小排序，英文字依ASCII值大小排序，中文字可依筆劃或注音排序。**

10. 資料篩選

(1) 由多筆資料中篩選出**符合準則的資料**，與排序不同的是，篩選並不重排清單，而只是隱藏不符合條件的資料列。

(2) **自動篩選**：由欄位右邊的篩選鈕下拉清單中選取準則，符合準則的資料會顯示在原工作表，**不符合的資料會隱藏**。

(3) **進階篩選**：由建立準則範圍視窗建立準則，符合準則的資料可顯示在原工作表或複製到其他工作表。

11. 資料小計

(1) 可在清單中自動計算小計、總計值、項目個數等。

(2) 資料小計之前**必須將清單排序**，將要小計的資料群組在一起。

(3) 可對任一個包含數字的欄位計算小計值。

(4) 取代目前小計：要在不同欄位使用不一樣的函數時需取消勾選「取代目前小計」；若勾選則會將所有要計算的欄位一併重新套用相同的函數。

12. 資料驗證

自動檢查輸入的資料是否符合驗證條件，例如：介於某範圍的整數、文字長度、日期等，符合的資料可輸入，**不符合的資料則提出警告**。

13. 合併彙算

可將不同工作表中所選取的資料，套用如加總等函數合併彙算到同一個工作表內，方便計算與檢視多張工作表中的資料。

14. 樞紐分析

將資料重新組織，分析萃取出隱含於資料中的資訊，並製成統計圖表。

PLAY 考題

香吉士從巴黎藍帶廚藝學校畢業後，返回家鄉開設了一家法式餐廳，並想利用Excel進行商業數據分析。好友索隆聽到香吉士要學資料分析，毛遂自薦說自己是位取得Excel認證的大師，安排了以下一系列的教學任務。

( ) 1. 索隆在威士忌山峰找到一套名為「Excel」的操作祕笈，經短暫練習之後，他很高興的跟同伴們炫耀這件寶物。不過終究接觸時間太短，當他在說明這項工具的操作方法時，還是被聰明的喬巴找到了以下的破綻。這個錯誤會是下列哪一項呢？ (A)啟動Excel時會自動開啟新的活頁簿 (B)可以對工作表進行刪除、重新命名或移動複製等作業 (C)被刪除的儲存格及工作表可以復原 (D)檔案結構由小至大為：儲存格→工作表→活頁簿。

( ) 2. 有關Excel的敘述，哪一個是正確的？ (A)預設的副檔名為pdf (B)範圍「B3：F5」共包含15個儲存格 (C)按 Delete 鍵可以清除儲存格的格式 (D)按 Shift 鍵可以選取不相鄰的儲存格。

( ) 3. 在Excel中，下列有關儲存格資料格式的敘述，何者有誤？ (A)預設的資料格式為「通用格式」 (B)數值資料預設為靠右對齊，無法設定為其他對齊方式 (C)若儲存格中的資料為文字，其長度大於欄寬且右邊儲存格並無資料，則資料會完整顯示 (D)數值資料可設定成文字類別格式。

(　) 4. 在Excel中，若數字「12345.50」儲存格的格式代碼「#,### ?/?」顯示，則下列何者為正確結果？
(A)12,345 1/2　(B)12,345.5　(C)12,345 10/20
(D)12345,1/2。

(　) 5. 關於Excel的公式的使用，下列何者錯誤？　(A)第一個字元必須是「=」符號　(B)將公式中的「A8:A50」儲存格位址改成絕對參照表示方式為「$A$8:$A$50」　(C)在儲存格中，若文字與公式或函數之間要同時使用，兩者之間須加上「#」符號　(D)在一個儲存格中，可同時使用多個函數。

(　) 6. 在Excel中，假設A1、A2、A3、A4、A5分別存有數值資料1、2、3、4、5，下列關於各函數的敘述何者有誤？　(A)SUM(A3:A5)結果等於A3+A4+A5　(B)AVERAGE(A1:A4)結果等於SUM(A1+A2+A3)/3　(C)COUNT(A3:A5)結果為3　(D)RANK(A1,$A$1:$A$5)結果為5。

(　) 7. 在Excel中，A1,A2,A3,B1,B2,B3的值分別為20,40,120,30,60,90，若儲存格B4中存放公式「=AVERAGE(B1,B3)」，將此儲存格複製到儲存格A4，則儲存格A4的值為何？　(A)40　(B)60　(C)180　(D)70。

(　) 8. 在Excel中，若儲存格C5存放公式「=F7+$B9」，將此儲存格複製到儲存格B7，則儲存格B7的公式為？
(A)=G9+$C$3　(B)=$A9+$B7　(C)=E9+$B11
(D)顯示錯誤訊息。

(　) 9. 香吉士使用Excel來輸入和統計自家餐廳的各項財務數字，為了怕店員輸入錯誤的數字導致嚴重的損失，他可以利用下列哪一項功能，設定菜單編號欄儲存格內只能輸入1~100的整數？　(A)資料驗證　(B)資料篩選　(C)公式稽核　(D)追蹤修訂。

(　)10. 在Excel中，下列的說法何者有誤？
(A)合併彙算可以將資料重新組織，分析萃取出隱含於資料中的資訊
(B)篩選時，不符合條件的資料會自動隱藏
(C)使用資料小計前必須將清單先排序
(D)資料排序可同時設定多個鍵值的排序。

APP 解答

1	C	2	B	3	B	4	A	5	C	6	B	7	D	8	C	9	A	10	A

Smart 解析

1.(C) 刪除的儲存格可以復原，刪除的工作表則否。

2.(A) 副檔名為xlsx。

(C) 按 Delete 鍵只能清除儲存格的內容，選取『常用／編輯／清除』可清除格式、內容、註解、超連結或全部。

(D) 按 Shift 鍵可以選取相鄰的儲存格。

3.(B) 數值資料預設為靠右對齊，可以設定為其他對齊方式，如：置中、靠左。

5.(C) 在儲存格中，若文字與公式或函數之間要同時使用，兩者之間須加上「&」符號。

6.(B) AVERAGE(A1:A4)=SUM(A1+A2+A3+A4)/4。

7. A4=AVERAGE(A1,A3)=(A1+A3)/2=(20+120)/2=70。

8.

```
   C 5     =     F 7     +    $B 9
-1 ↓  ↓ +2   -1 ↓  ↓ +2  不變 ↓  ↓ +2
   B 7     =     E 9     +    $B 11
```

單元 4. 智慧財產權與軟體授權、封閉與開放文件格式

單元名稱	單元內容	109	110	111	112	考題數	總考題數
智慧財產權與軟體授權、封閉與開放文件格式	資訊智慧財產權	1	0	1	0	2	13
	軟體授權	1	1	1	1	4	
	創用CC	0	1	1	4	6	
	封閉與開放文件格式	0	1	0	0	1	

1. 資訊智慧財產權

(1) 智慧財產權包含商標權、專利權、著作權等，智慧財產權主管機關為經濟部。

(2) 電腦程式受著作權法保護。

(3) 電腦程式著作權人有複製、銷售、出租、翻譯、修改權。

(4) 電腦程式合法持有人可以修改程式，但限於自己使用。

(5) 電腦程式合法持有人可複製作為備份存檔，但限於自己使用。

(6) 一套軟體不能安裝於數台電腦。

(7) 在網路上共同使用一套軟體，須購買足夠版權或網路版。

(8) 程式師受雇於某公司時，若雙方於訂約時無特別約定則程式的所有權及著作權皆屬於該公司所有，著作人則屬程式師。

(9) 離線閱讀或下載網路上的資料屬於重製行為，違反著作權法。

(10) 攝影、視聽、錄音之著作財產權存續至著作公開發表後50年。

(11) **電腦程式**著作財產權存續至**著作人生存期間及其死亡後50年**。

(12) 法律、公文、依法令舉行之考試試題與備用試題、標語及通用之名詞、符號、公式、表格、單純傳達事實之新聞報導…等，皆不受著作權之保護。

2. 著作權(Copyright) ©

(1) 法律賦予著作人對其著作的保護，限制他人使用的自由，以保障著作人的權益。當著作完成之時就會產生著作人格權和著作財產權。

(2) **著作人格權**：著作人享有公開發表、姓名表示、禁止他人不當改作之權利。著作人格權專屬於著作人本身，不得讓與或繼承。

(3) **著作財產權**：著作人對其著作享有重製、公開口述、公開播送、公開展示、改作、移轉、出租…等權利。著作財產權得部分或全部讓與他人或與他人共有。

3. Copyleft 🄯

仍保有著作權，允許他人修改和散佈其作品，且限定相關的衍生作品必須使用同樣的授權方式。

4. 軟體授權

(1) **專有軟體(Proprietary Software)**：**有著作權**，使用、修改及散佈的方式由軟體所有者制定。如：Windows 10。分成**單一授權及集體授權**二種。

(2) **免費軟體(Freeware)**：**有著作權**，使用者**不必付費即可複製**、使用，但**不能複製給其他人**。如：Adobe Reader、國稅局報稅軟體。

(3) **共享軟體(Shareware)**：**有著作權**，**可複製**、使用。若使用人認為適用，則**應付費**予原著作權人始可**取得合法使用權**。如：WinRAR。

(4) **自由軟體(Free Software)／開放原始碼軟體(Open Source Software)**：有著作權，採用**GPL**授權方式，允許使用者複製、使用、散布、改良，需開放原始碼。如：Linux。

(5) **公共財軟體(Public Domain Software)**：**不具有著作權**，使用者不必付費即可複製、使用。如：已過保護期限的著作物。

5. 創用CC(Creative Commons)

創用CC授權**保留部分權利**，讓別人可以合法引用，其中包含**4個核心元素及6種授權條款**。

(1) 4個核心元素：

- **姓名標示**(Attribution)：必須保留著作者的姓名標示。
- **非商業性**(Noncommercial)：僅限於非商業性目的。
- **相同方式分享**(Share Alike)：必須採用與原著作相同的授權條款。
- **禁止改作**(No Derivatives)：不得改作產生衍生著作。

(2) 6種授權條款：這些條款都會**要求「姓名標示」**，並且**允許非商業性的重製**。因為「**禁止改作**」和「**相同方式分享**」互有衝突**不能同時出現**，4個核心元素可以組合成6種主要的授權條款。

圖案標示	授權條款
cc BY	姓名標示
cc BY ND	姓名標示－禁止改作
cc BY SA	姓名標示－相同方式分享
cc BY NC	姓名標示－非商業性

圖案標示	授權條款
BY NC ND	姓名標示－非商業性－禁止改作
BY NC SA	姓名標示－非商業性－相同方式分享

6. 封閉與開放文件格式

(1) **封閉格式**：檔案格式為**不對外公布**的商業機密，或**受到專利、版權的保護**而他人不得使用。**缺點為軟體的選用受限、容易被迫軟體升級**、所有權受到侵害。常見的檔案類型如：.doc、.xls、.ppt、.mdb、.ufo、.fla等。

(2) **開放格式**：文件**規格完全公開**，並**可自由下載**，**不需使用特定的軟硬體**，確保文件可以自由交換、轉換、流傳及保存。常見的檔案類型如：.txt、.pdf、.xml、.jpeg、.tif、.mpeg、.wav、.htm、.html等。

7. 辦公室應用文件開放格式

(1) 有**ODF**和**OOXML**二種，由**XML語言再延伸發展而來**。

(2) 支援的軟體及產生的副檔名：

文件類型	支援軟體	副檔名
ODF格式	MS Office 2007之後的版本、Google Docs、KOffice、OpenOffice.or	文書檔：.odt 電子試算表檔：.ods 簡報檔：.odp
OOXML格式	MS Office 2007之後的版本	文書檔：.docx 電子試算表檔：.xlsx 簡報檔：.pptx

PLAY 考題

( ) 1. 智慧財產權不包含下列何者？
(A)隱私權　(B)商標權　(C)著作權　(D)專利權。

( ) 2. 我國智慧財產權主管機關是哪一個部門？
(A)警察局　(B)內政部　(C)資策會　(D)經濟部。

( ) 3. 有關智慧財產權的說明，下列何者正確？　(A)電腦程式受商標法保護　(B)電腦程式合法持有人可以修改程式漏洞後出售　(C)程式師受雇於某公司時，程式的所有權屬於該公司所有　(D)下載網路上的資料並不會違反著作權法。

( ) 4. 海盜獵人索隆除了精通劍術外，對於電腦世界也十分有研究，試問他的下列何種行為並不會違反著作權法？　(A)傳送Linux給朋友安裝　(B)將網路下載的圖片燒成光碟販售　(C)使用同一片正版的Windows 8光碟安裝船中的3部電腦　(D)將音樂CD轉成MP3上傳與網友共享。

( ) 5. 下列關於網路上Freeware與Shareware二種軟體的敘述，何者有誤？　(A)Freeware是指免費軟體，Shareware是指共享軟體　(B)Freeware不具有著作權，Shareware的原創作者則保有著作權　(C)Freeware使用者不用付費即可合法安裝使用，而Shareware雖可複製使用，但仍需付費給著作權人才可取得合法使用權　(D)兩者都有可能潛伏病毒的危險。

( ) 6. 喬巴設置了一個海上醫藥網站，網站使用了創用CC (Creative Commons)授權，網站上有一個圖示如下圖，其符號意義除代表「相同方式分享」之外，還代表下列何者？
(A)非商業性　(B)姓名標示　(C)禁止改作　(D)允許改作及商業性。

(　) 7. 下列哪一種檔案類型屬於封閉格式？
(A)txt　(B)wav　(C)fla　(D)jpeg。

(　) 8. 有關開放格式文件的敘述，下列何者有誤？　(A)不需使用特定的軟硬體即可開啟使用　(B)檔案格式不對外公布　(C)可自由下載　(D).tiff是屬於開放格式的檔案。

(　) 9. 下列何者非開放格式的檔案副檔名？
(A).odt　(B).pdf　(C).odp　(D).doc。

APP 解答

1	A	2	D	3	C	4	A	5	B	6	B	7	C	8	B	9	D

Smart 解析

5.(B) Freeware與Shareware皆具有著作權。

單元 5. 簡報軟體 Microsoft PowerPoint

單元名稱	單元內容	109	110	111	112	考題數	總考題數
簡報軟體 Microsoft PowerPoint	PowerPoint	6	4	1	1	12	12

1. 可輸出的檔案格式

副檔名	說　明
.pptx(2007之後版本) .ppt	簡報檔。
.ppsx(2007之後版本) .pps	播放檔。
.potx(2007之後版本) .pot	範本檔。
.pdf	可攜式文件格式。
.wmv、**mp4**	視訊格式。
.gif、.jpg、.tif、.bmp、.png、.wmf 等	將投影片儲存成一張張圖檔格式。

2. 檢視模式

模式	工具鈕	說　明
標準模式		具有大綱、投影片及備忘稿三合一完整編輯模式。
投影片瀏覽		方便針對多張投影片做刪除、複製、調整順序、加上動態特效。

模式	工具鈕	說　明
備忘稿		可讓使用者單獨檢視備忘稿內容。
閱讀檢視		以非全螢幕的模式檢視投影片。音效、動畫、轉場等特殊效果，仍可完整呈現。

3. 建立新簡報

選取『檔案／新增』，建立新簡報的方法有：**空白簡報**、**範例範本**、**佈景主題**及Office.com範本。

4. 更換版面配置

選取『**常用／投影片／版面配置** 鈕』，選取所需的版面即可更換投影片上放置的內容。

5. 佈景主題

(1) 選取『**設計／佈景主題**』即可套用各式簡報佈景主題，亦可從Office.com下載官網最新的範本。

(2) 選取『**設計／變化／色彩**』，可針對選定的佈景主題再細選色彩設定成不同色調。

(3) 同一份簡報中，不同張的投影片可套用不同的範本及色彩配置。

(4) 選取『**設計／變化／背景樣式／背景格式**』，可針對單一張或多張投影片更改背景細部設定。

6. 母片

選取『**檢視／母片檢視**』可切換三種母片類型：**投影片母片**、**講義母片**、**備忘稿母片**。設定「母片」後，所有同類型的投影片都會**套用相同的設定**。

7. 插入

選取『**插入**』，可插入表格、圖片、圖表、超連結、物件、視訊及音訊等項目。

(1) **表格** ：可插入表格，選取表格後由『表格工具』標籤中可以編輯及設定表格。

(2) **圖片**：可選擇由「圖片」、「線上圖片」、「螢幕擷取畫面」或「相簿」的方式插入圖像。

(3) **圖表** ：可插入圖表。

(4) **超連結** ：可將文字或圖片加入超連結，連結目標可為它張投影片、網頁、e-mail、圖片及檔案等。

(5) **物件** ：可插入如：圖表、MS Word文件、MS Excel工作表、投影片等物件。

(6) **頁首及頁尾** ：可設定投影片的頁首及頁尾，如：日期及時間、投影片編號及文字等。

(7) **視訊** ：在『視訊工具』標籤中可做視訊剪輯及格式設定，支援的視訊檔案格式有.asf、.avi、.mpg/.mpeg、.wmv、mp4等。

(8) **音訊** ：在『音訊工具』標籤中可做音訊剪輯及格式設定，支援的音訊檔案格式有.aiff、.au、.midi、.mp3、.wav、.wma等。

8. 內嵌與連結音訊及視訊

(1) **內嵌**：直接將音訊與視訊檔案嵌入簡報中，免除因額外夾帶檔案的困擾，提升方便性，但簡報檔案容量會因此而變大。

(2) **連結**：使用連結至外部檔案或網站的音訊與視訊，需注意連結路徑的正確性以及所連結的檔案是否存在。簡報檔案並不包含連結的音訊與視訊檔案，所以簡報檔案的容量會比使用內嵌的方式小。

9. 投影片轉場特效

(1) 選取『**轉場**』標籤，可設定播放特效、速度、換頁方式、聲音等切換到下一張投影片的效果。

(2) 可設定**按滑鼠換頁或每隔幾秒自動換頁**，投影片將採自動循環式播放。

10. 動畫特效

(1) 選取『**動畫**』標籤，利用預設的動畫效果，快速的將投影片物件，例如：文字、圖案、表格等，加入動態特效。

(2) **進階動畫**：選取『**動畫／進階動畫／動畫窗格**』，可針對投影片上所有物件出場的排列、時間、效果等做詳細的動態設定。

(3) 動畫開始的設定方式：

設定方式	動作說明
按一下	① 必須先按一下滑鼠動畫特效才會播放。 ② 物件上的動畫順序編號數字會加1。
與前動畫同時	① 動畫與前一個動畫同時播放，若沒有前一個動畫，則會自動播放。 ② 動畫順序編號會與前一個相同。
接續前動畫	① 前一個動畫播放完成後，會自動播放下一個動畫。 ② 動畫順序編號會與前一個相同。

(4) 可利用 ▲▼ 調整動畫特效出現的先後順序。

11. 投影片放映方式

(1) **直接放映**：選取『投影片放映／開始投影片放映 鈕』，或按狀態列的「投影片放映」 鈕，可直接放映。

(2) **排練計時**：選取『投影片放映／設定／排練計時 鈕』，可事先記錄排練時間，以便將來放映投影片時使用。

(3) **放映類型**：由演講者簡報、觀眾自行瀏覽及在資訊站瀏覽。

12. 簡報列印

列印項目	說　明
全頁投影片	將投影片列印至透明投影片上，或輸出到紙張。
備忘稿	將演說內容寫入備忘稿中，列印成書面資料，作為簡報時的備忘資料。

列印項目	說　明
大綱	只檢視投影片文字內容，而不受圖形的干擾，可選擇列印大綱內容。
講義	通常是印給觀眾，當作參閱用的書面資料，可將數張投影片印在同一頁紙張上，共有每頁1、2、3、4、6、9張投影片的選擇。

PLAY 考題

紅髮傑克準備要進行大規模的海底寶藏挖掘工作，由魯夫向海盜們進行任務分配，說明會後海盜們都很好奇魯夫是使用什麼軟體，竟然可以出現動畫、圖表和音樂等效果，使得簡報內容非常精彩且令人印象深刻。

( ) 1. 下列何者不是Microsoft PowerPoint的檢視模式？ (A)投影片瀏覽 (B)標準模式 (C)備忘稿 (D)整頁模式。

( ) 2. 在Microsoft PowerPoint中，下列何者不是投影片中可以插入的元件？ (A)表格 (B)圖表 (C)超連結 (D)動畫特效。

( ) 3. 在Microsoft PowerPoint中，無法儲存為下列哪一種檔案名稱？ (A)表單.xlsx (B)簡報.pptx (C)圖片.jpg (D)簡報範本.potx。

( ) 4. 下列有關套裝軟體的敘述，何者錯誤？
(A)香吉士用PowerPoint做世界美女介紹的簡報
(B)漢考克用PhotoImpact編修女兒的照片
(C)魯夫用Excel做航海冒險的天數統計圖表
(D)喬巴用Access編輯自傳及履歷表。

( ) 5. 下列有關Microsoft PowerPoint的操作敘述何者不正確？
(A)用於製作簡報，亦可列印備忘稿、大綱文件與講義等
(B)播放投影片時不能自訂每個元件(如：圖片、表格等)的動畫效果
(C)可以設定播放時換頁的特效、速度、聲音等效果
(D)「母片」功能可用來設定每張投影片有相同的格式。

( ) 6. 下列有關Microsoft PowerPoint的「插入影片及聲音」操作敘述何者不正確？
(A)插入音訊後投影片會有聲音圖示 🔊
(B)可插入所有市面上流通的各類音訊及視訊
(C)插入音訊後可設定自動、循環播放聲音
(D)插入視訊後可設定影片播放尺寸大小或全螢幕播放。

( ) 7. Microsoft PowerPoint對投影片內物件與物件間的動畫順序，以下哪一項設定無法完成？ (A)按一下 (B)與前動畫同時 (C)接續前動畫 (D)忽略不播放。

APP 解答

1	D	2	D	3	A	4	D	5	B	6	B	7	D

Smart 解析

4.(D) Access：資料庫軟體。

5.(B) 由動畫配置或自訂動畫可以設定文字、圖案、聲音及影片等物件擁有動態效果。

單元 6 影像原理

單元名稱	單元內容	109	110	111	112	考題數	總考題數
影像處理	色彩模式	2	2	1	0	5	12
	解析度	1	0	0	2	3	
	數位影像格式	3	0	1	0	4	

1. 色彩屬性

(1) **色相(Hue)**：眼睛所見的色彩樣貌，如：紅、黃、藍等。

(2) **彩度(Saturation)**：色彩的濃豔程度，顏色濃度愈大，彩度愈高。

(3) **明度(Brightness)**：色彩的明暗程度，明度愈高則，色彩愈亮白。

2. 色彩模式

模式	基本色	變化量	周邊應用
RGB (色加法)	紅(Red)、綠(Green)、藍(Blue)	0~255種	顯示器輸出
CMYK (色減法)	青(Cyan)、洋紅(Magenta)、 黃(Yellow)、黑(blacK)	0~100%	列印機輸出

3. 色光三原色(RGB)

(1) 色光三原色是指**Red(紅)**、**Green(綠)**、**Blue(藍)**。

(2) RGB是**色加法**模式，色彩**越加越亮**。當(紅R,綠G,藍B)以色彩強度**(0,0,0)**混合時，會呈現出黑色，以**(255,255,255)**強度混合時，呈現出**白色**；等量混合則為灰階，如：(100,100,100)。

(3) **光學原理的周邊設備**通常是屬於RGB模式，例如：電腦螢幕。

(4) 色碼「#xxxxxx」，即RGB三色的16進位值，如 #**FFFFFF**(白)、#**000000**(黑)、#**FF**0000(紅)、#00**FF**00(綠)、#0000**FF**(藍)、#**FFFF**00(黃)等。

4. 色料三原色(CMY)

(1) 色料三原色是指**C**yan**(青)**、**M**agenta**(洋紅)**、**Y**ellow**(黃)**，但在印刷實務上**黑色(**blac**K)**是獨立的，因此有「**印刷四色**」：**CMYK**。

(2) CMYK是**色減法**模式，色彩**越加越暗**。以0-100%表示**混合比例**，當四色的比例皆為**0%**時會混合出**白色**，如：(0,0,0,0)；當四色的比例或黑色**(K)**為**100%**時會混合出**黑色**，如：(0,0,0,100)、(100,100,100,100)。

(3) **列印輸出的周邊設備**通常屬於CMYK模式，例如：印表機。

5. 數位影像格式

依資料儲存及處理方式的不同可分為點陣圖、向量圖。

(1) **點陣圖**(Bitmap)：由一點一點的**像素(Pixel)**排列組成。

(2) **向量圖**：透過數學運算紀錄影像的大小、位置、方向及色彩等。

(3) 點陣圖和向量圖的比較：

類型	儲存空間	放大	說明	適用
點陣圖	**較大**	**產生鋸齒狀**	較能呈現影像細微度	**照片**
向量圖	**較少**	**不會失真**	質感細緻度相較稍差	**漫畫式圖像**

6. 常見的影像檔案格式

類型	格式	壓縮	支援色彩	支援動畫	支援網頁	說　明
點陣圖	BMP	無	全彩	×	✓	Microsoft Windows的標準影像檔案格式，屬於RGB模式。
	JPEG	破壞*	全彩	×	✓	適用於連續色調且沒有明顯邊緣線的真實影像，如：相片。
	TIFF	非破壞	全彩	×	×	適合**印刷輸出**及電腦作業平台間轉換。
	GIF	非破壞	**256**	✓	✓	適用於漫畫圖案、手繪圖形、具有交錯式展示效果，支援**背景透明**及**動畫**。
	PNG	非破壞	全彩	×	✓	可用來製作透明圖效果影像。
	UFO	無	全彩	×	×	PhotoImpact專用的檔案格式。
	PSD	無	全彩	×	×	PhotoShop專用的檔案格式。
向量圖	WMF	無	全彩	×	×	MS Office美工圖庫的向量圖檔格式。
	AI	無	全彩	×	×	Illuctrator專用的檔案格式。
	CDR	無	全彩	×	×	CorelDRAW專用的檔案格式。
	SVG	無	全彩	✓	✓	SVG採用XML語法，用文字來描述圖像內容，屬於向量圖檔格式。

※ 非破壞性壓縮是指影像壓縮後不會有失真的現象，JPEG標準也支援非破壞性的壓縮。

(1) **EPS**圖檔格式：功能強大，可儲存向量及點陣圖或文字，可以在Illustrator及CorelDraw中修改，亦可載入Photoshop中做影像處理，是美工排版人員做分色印刷時常使用的圖檔格式。

(2) **RAW**圖檔格式：高階數位相機提供的圖檔格式，可保存拍攝現場的原始資訊，例如：場景的光照強度和顏色的物理資訊等，以利影像的後製處理。

7. 解析度

(1) 用來描述數位影像或數位設備，使用的單位有**ppi**及**dpi**兩種，每**英吋**(inch)所展示出的**像素總量**，當**像素總量越**多代表**解析度越高**，呈現出來的**影像品質也就越細緻**。

(2) **影像解析度**：**ppi**(pixel per inch，每一英吋的**像素量**)，例如：800×600ppi的影像檔，表示這張影像的寬、高尺寸(寬度800像素，高度600像素)。

(3) 設備解析度：dpi(dots per inch，每一英吋的**輸出點總量**)，例如：常用在掃描器解析度與印表機解析度，像1,200dpi的印表機，表示在每一英吋中能列印出1,200個點。

(4) 掃描器解析度：設備上常見**光學解析度**與**軟體解析度**二種規格。

種類	說　明	範例
光學解析度	指感光元件上實際的感測能力	600×1200dpi 1200×1200dpi
軟體解析度	指影像掃描輸入電腦後，經由程式運算後的解析度	8000×8000dpi 9600×9600dpi

(5) **影像尺寸**：**(寬度像素／解析度)**×**(高度像素／解析度)**inch，如：4×6吋。

計算一：利用解析度及影像尺寸求出影像包含的像素

例 一張3×5吋影像，如果解析度為300像素/英吋，則寬×高像素個數為？

(A)400×600　(B)4000×6000

(C)900×1500　(D)1200×1800。　ANS：(C)

解 寬×高像素個數＝(3×300)×(5×300)＝900×1500

計算二：照片在不同的解析度轉換求其尺寸

例 一張10×12吋照片，利用掃描器掃描輸入電腦，掃描器的解析度設定為150dpi，若把此張輸入的電腦影像調整成300ppi後，再由解析度600dpi印表機將影像輸出，則印出的大小是？

(A)6×4　(B)5×6　(C)12×8

(D)2.5×3。　ANS：(B)

解 寬×高像素個數＝(10×150)×(12×150)點＝1500×1800點。

調成300ppi後寬×高的尺寸

＝(1500/300)×(1800/300)＝5×6，

此即為印出的大小，與印表機的解析度無關。

8. 影像類型

	1 個像素佔的 bit 數	能表現的色彩數	
黑白	1	2(即2^1)	黑(0)、白(1)
灰階(256灰階)	8	256(即2^8)	由白到黑有256種不同明亮度色階
16色	4	16(即2^4)	
256色	8	256(即2^8)	
高彩	16	65,536(即2^{16})	
全彩	24	16,777,216(1677萬色，即2^{24})	

(1) 像素展示的色彩數＝ $2^{\text{像素使用的位元數}}$ 。

像素使用的位元數＝ $\log_2$像素能展示的色彩數。

(2) 當像素使用的位元數(位元深度)越多，展示出的色彩就越繽紛多樣，所佔資料量也越大。

(3) 全彩是指每個像素佔24 bits(即3 Bytes)，會有16,77萬種色彩變化，而每個像素是由RGB三原色組成，每個原色分別有256階變化(以8 bits儲存)。

計算：影像所佔用的記憶體空間與總點數、色彩類型有關

例 一個1280×1024像素的全彩影像，所佔的記憶空間(資料量大小)為？

(A)0.5MB (B)3.8MB

(C)2.6MB (D)5.4MB。 **ANS：(B)**

解 全彩是每點佔24bits＝3Bytes

一張影像的記憶體空間＝總點數×每點所佔的空間

＝1280×1024×24 bits＝1280×1024×(24/8)Bytes

＝3.75 MBytes ∴需3.8MB的記憶體空間

9. 影像應用軟體

(1) 影像處理軟體：**PhotoImpact**、**Photoshop**、PhotoScape、PhotoCap、GIMP。

(2) 2D繪圖設計軟體：**Illustrator**、**CorelDRAW**、Inkscape。

PLAY 考題

酷愛攝影的香吉士在PTT攝影論壇，針對各大品牌最新款的數位單眼相機，發表了一篇選購評比的文章，魯夫按圖索驥購買完相機後，寫信詢問香吉士該如何選用容易上手的修圖軟體，以及選購經濟實惠的彩色印表機來印出相片。

( ) 1. 噴墨式印表機的墨水有CMYK四個顏色，下列何種顏色不屬於CMYK之一？
(A)黑色 (B)洋紅色 (C)藍色 (D)黃色。

( ) 2. 下列有關數位影像呈現格式的敘述，何者不正確？ (A)照片通常會以點陣圖來儲存 (B)向量圖儲存空間較小，而點陣圖儲存空間較大 (C)BMP是點陣式的圖形檔 (D)向量圖放大之後容易產生鋸齒狀。

( ) 3. 有關數位影像檔案格式的敘述，下列何者正確？
(A)JPG採用破壞性壓縮，常用於數位相機內的儲存格式 (B)BMP可支援各種色彩模式，適用於印刷 (C)TIFF廣泛使用於網頁動畫顯示，但只能呈現256個顏色 (D)GIF可儲存各種類型的影像，但佔有較大的磁碟空間。

( ) 4. 一張全彩的圖片以相同的解析度儲存成何種格式的檔案容量會最小？ (A)JPG (B)TIFF (C)BMP (D)皆相同。

( ) 5. 愛美女的香吉士去參加資訊展，以同一部數位相機拍攝二張像素分別為800×600與640×480的同一位show girl。拿到數位像館放大加洗後，哪一張的照片看起來會比較清楚？ (A)一樣 (B)640×480，因為檔案較小 (C)800×600，因為解析度較高 (D)需視沖洗照片的機器而定。

( ) 6. 若想用數位相機拍照，再由相片印表機輸出而且不失真，如果輸出相片尺寸為4英吋×6英吋、解析度為300ppi時，則數位相機的解析度至少需要多少畫素？
(A)300萬 (B)100萬 (C)600萬 (D)200萬。

( ) 7. 若有一張像素1200×1800的點陣圖檔，輸出成4吋×6吋的照片，所得畫面之解析度為多少ppi？
(A)72 (B)300 (C)600 (D)1200。

( ) 8. 處理古代的黑白水墨畫影像時，採用下列色彩類型比較適合？ (A)灰階 (B)黑白 (C)16色 (D)256色。

(　) 9. 魯夫新買最HITO的數位相機內裝有12GB的記憶卡，最多約可儲存2400×1600像素完全未壓縮的24位元全彩照片多少張？ (A)300 (B)500 (C)700 (D)1000。

(　) 10. 在下列的色彩模式中，何者是白色？ (A)(R，G，B)=(255，255，255) (B)(R，G，B)=(0，0，0) (C)(C，M，Y，K)=(100%，100%，100%，100%) (D)(C，M，Y，K)=(25%，25%，25%，25%)。

(　) 11. 下列哪個英文名不是圖檔格式？
(A)AVI (B)EPS (C)TIFF (D)UFO。

(　) 12. 下列哪個英文名不是影像或繪圖軟體？ (A)Media Player (B)CorelDRAW (C)AutoCAD (D)PhotoImpact。

APP 解答

1	C	2	D	3	A	4	A	5	C	6	A	7	B	8	A	9	D	10	A
11	A	12	A																

Smart 解析

3. (B) BMP可支援各種色彩模式，適用於印刷的是TIFF。
   (C) 廣泛使用於網頁動畫顯示，但只能呈現256個顏色的是GIF。
   (D) 可儲存各種類型的影像，但佔有較大磁碟空間的是BMP。
4. 因JPG屬於破壞性壓縮，故儲存時檔案的容量會最小。
5. 800×600的點數較多，影像解析度較高，所以印出來會比較清楚。
6. (4×300)×(6×300)=2160000畫素。
7. (4×n)×(6×n)=1200×1800，n=300。
9. 12GB/(2400×1600×3 Bytes)=(12×1024×1024×1024 Bytes)/(2400×1600×3 Bytes)=1041.6張。
10. (B)、(C)皆為黑色。

單元 7. 電子商務

單元名稱	單元內容	109	110	111	112	考題數	總考題數
電子商務	電子商務	2	1	4	3	10	10

1. 電子商務(EC，Electronic Commerce)

(1) 利用網際網路服務所從事的商業行為，可以**提高效率**、**降低成本**、**提高獲利**、**互動性佳**、**無時差與地域限制**。

(2) 常見的應用有網路購物、網路拍賣、網路團購、網路下單等。

2. 行動商務(M-Commerce, Mobile Commerce)

(1) 利用**行動終端設備**(例如：手機、平板電腦、筆電)所從事的商業行為，可以在任何時間與地點完成交易活動。

(2) 軟體商店：**App Store**(蘋果公司)、**Google Play**(Google公司)、**Hami Apps**(中華電信公司)、**Microsoft Store**(微軟公司)。

3. 電子商務的四流

(1) **商流**：商品所有權的轉移過程。

(2) **資訊流**：利用網路與通訊技術提供商品相關資訊，又稱情報流。

(3) **金流**：交易貨款的轉移過程。

(4) **物流**：交易商品的配送過程。

4. 電子商務的付款取貨方式

(1) 付款方式：**貨到付款**(例如：超商取貨)、**轉帳匯款**、**線上刷卡**、**電子現金**(例如：電子錢包、智慧IC卡、icash、悠遊卡等)及**第三方支付**(例如：支付寶、支付連、歐付寶及PayPal等)。

(2) 取貨方式：超商取貨、郵寄、宅配、面交等。

5. 電子商務的架構

(1) **文件安全與技術標準**：相關的通訊協定與文件安全規範。

(2) **公共政策與法規**：相關的法令與隱私權保護。

(3) **網路基礎架構**：網路基礎建設、網路軟硬體設備與網際網路服務。

(4) **網站建置**：全球資訊網電子交易平台。

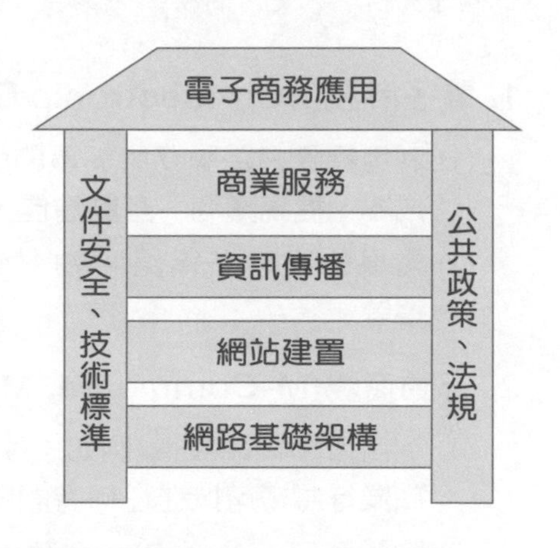

(5) **資訊傳播**：傳送電子資料訊息，如：電子資料交換、電子郵件等。

(6) **商業服務**：包含安全技術、驗證服務、電子支付工具等。

(7) **電子商務應用**：如：電子銀行、線上購物、網路下單等。

6. 電子商務的經營模式

B：Business(**企業**)、**C**：Consumer(**消費者**)、

G：Government(**政府**)。

(1) **B2B**：企業對企業，如：阿里巴巴中立電子市集、物流管理系統、跨國整合系統。

(2) **B2C**：企業對消費者，如：網路書局、PChome購物商場、線上掃毒服務。

(3) **C2B**：消費者對企業，如：揪團合購。

(4) **C2C**：消費者對消費者，如：網路拍賣、eBay。

(5) **G2B**：政府與企業之間的電子商務，如：政府的採購案。

(6) **G2C**：政府對民眾(**C**itizen)的服務，如：稅務申報。

(7) **G2G**：政府對政府的服務，如：電子公文、電子法規系統。

(8) O2O：用網路線上(**O**nline)行銷，促進線下(**O**ffline)實體消費流量，如：網路購物。

7. 電子商務的安全機制

(1) SET(電子商務安全交易)：**網路交易的安全機制**，買賣雙方皆需要申請憑證，包含交易雙方身份的確認、個人和金融資訊隱密性及傳輸資料完整性的保護。

(2) **SSL/TLS**(安全介面層協定/傳輸層安全協議)：**網路傳輸的安全機制**，只有賣方需要申請憑證而買方不需要，普遍**應用於瀏覽器中**。當瀏覽器的URL出現『**https**』時，表示此網頁具有SSL/TLS加密保護機制。

8. 電子商務相關法律

(1) **電子簽章法**：賦予電子簽章文件的法律效力，提供身分認證及交易認證服務。

(2) **個人資料保護法**：簡稱**個資法**，取得他人個資時必須在本人同意或法律規定的範圍內使用之。

(3) **消費保護法**：保護消費者權益，促進國民消費生活安全。包括商品或服務之品質、安全衛生、合理價格、公平交易等。

PLAY 考題

知名拍賣平台曾在廣告詞中提到：什麼都有，什麼都賣，什麼都不奇怪！因此，美味蟹堡的大老闆香吉士，除了建置公司官方網站外，也將美味蟹堡的商品帶入KOKO電商平台販賣，他認為現代的電子商務除了要有豐沛的人流點閱外，更需要有豐富的商品種類、可被信賴的金融安全機制、健全的組織營運管理，以及提供使用者愉快的購物體驗，才能有效吸引顧客回流續購再創佳績。

( ) 1. 下列何者不是電子商務的特色？ (A)一天24小時均可交易 (B)可節省人事與水電等成本 (C)業者比較能擁有獨佔市場的機會 (D)消費者與賣方可以有良好的溝通管道。

( ) 2. 海盜獵人索隆在網路上訂購了一台iPhone，並使用信用卡線上刷卡，請問索隆的刷卡付款行為是屬於電子商務四流的哪一項？ (A)金流 (B)商流 (C)資訊流 (D)物流。

( ) 3. 網際網路提供了資訊交換的便利性，網路交易中的隱私權保護相形重要，請問關於此相關法令是電子商務架構中的哪一個範疇？ (A)技術標準 (B)公共政策 (C)資訊傳播 (D)一般商業服務。

( ) 4. 夢想家旅遊公司透過網路提供消費者北極之旅行程的旅遊資訊及訂購服務，這是屬於哪一類型態的電子商務？ (A)B2B (B)B2C (C)C2B (D)C2C。

( ) 5. 娜美在網路商城開設的夢幻服飾公司，向潮克成衣訂製10萬套的T-Shirt準備上網銷售，這是屬於哪一類型態的電子商務？ (A)B2B (B)C2C (C)C2B (D)B2C。

( ) 6. 魯夫上拍賣網站標得一雙網友所拍賣的限量球鞋，這是屬於哪一類型態的電子商務？ (A)C2B (B)B2C (C)B2G (D)C2C。

( ) 7. 下列哪一個不是現有的電子商務的經營模式？ (A)O2B (B)B2C (C)C2B (D)G2C。

APP 解答

1	C	2	A	3	B	4	B	5	A	6	D	7	A

單元 8 數位共創與分享

單元名稱	單元內容	109	110	111	112	考題數	總考題數
數位共創與分享	共創	0	0	5	2	7	10
	分享	0	0	0	3	3	

1. 雲端資源共享

(1) 雲端硬碟能在各式裝置上進行線上備份及存取檔案，並可開放其他人檢視、編輯檔案或資料夾。

(2) 常見的雲端空間：**Google Drive**、**iCloud**、**Dropbox**、OneDrive、MEGA。

2. 雲端行事曆

(1) 透過行事曆共編分享功能，協助群組成員訊息溝通。

(2) 常見的雲端日曆工具：**Google日曆**、**iCloud日曆**、**Outlook日曆**、TimeTree。

3. 雲端會議

(1) 雲端會議軟體提供多人線上視訊會議，並可透過語音辨識自動產生字幕，具有完整的會議主持、意見調查、錄影等功能。

(2) 常見的雲端會議平台：**Google Meet**、**Cisco Webex**、**Line**、Microsoft **Teams**、Zoom、Skype。

4. 雲端共同編輯

(1) 雲端共同編輯功能，可讓多人在線上一起編輯同一份文件、試算表或簡報等。

(2) 常見的雲端共編應用：**Google(文件、試算表、簡報、表單、地圖)**、Office 365、Wiki、SharePoint等。

(3) 在Google與Office 365的雲端應用中，皆能指定共用對象的**檔案使用權限**，進行共用檔案的控管：

檢視者	使用者可以檢視檔案，但無法變更檔案內容或與他人共用檔案。
加註者	使用者可以在檔案中加上註解和建議，但無法變更檔案內容或與他人共用檔案。
編輯者	使用者可以變更檔案、接受或拒絕建議，也可以與他人共用檔案。

(4) 擁有Office 365檔案連結的人，可以設定**檔案使用期限**與**開啟密碼**，以提高個人資訊的安全保護。

(5) **維基(Wiki)**開放給使用者透過瀏覽器**協力編輯網站內容**，wiki的共同作者們還共創了一系列的維基社群，例如：維基百科(Wikipedia)。

5. 雲端專案管理

(1) **專案(Project)**管理是在期限內，規劃執行步驟來解決問題，並進行進度控管，例如：準備證照檢定、籌備班級旅行等。

(2) 雲端專案適合**跨部門**、**多人協同**工作，讓專案參與者隨時上線檢視進度，適時調整或補充不足。

(3) **甘特圖**：管控專案進度的圖表，可先採**5W1H**進行工作分析，再透過**WBS分解法**將任務或工作拆解成更小的活動。

(4) 常見的雲端專案管理工具：**Gantter**、Tom's planner、Volerro、Trello。

6. 版本控制

(1) 版本控制特點：

- 能完整呈現文件更動的歷史紀錄。
- 多人共編時能夠顯示更動者與更動處。
- 方便使用者比較各版本優劣。
- 可以進行版本還原。

(2) Google雲端硬碟中的文件、簡報與試算表，當修訂版本超過100個之後，會自動刪除過期的版本；同時也可針對特定版本進行永久保存。

(3) 儲存在OneDrive或是Microsoft 365中的雲端文件，才有保留版本歷史紀錄。當檔案停止共同編輯後，才能啟動還原先前版本。若使用個人帳戶登錄，可檢索到近期的25個版本紀錄。

PLAY 考題

艾菲擔任畢聯會會長，經常需要調查或統整全年級12個班級的意見，若沒有好用的數位共創工具，很多事情實在窒礙難行，一起來看看有那些工具吧！

( ) 1. 艾菲為了籌畫才藝表演活動，下列哪一項雲端服務可以協助快速排定練習日期與工作事項，並能自動發送提醒通知？ (A)文件 (B)行事曆 (C)簡報 (D)視訊會議

( ) 2. 下列哪一項，不是專案管理時常被用來管控進度與分析工作的方法？
(A)卡諾圖 (B)WBS分解法 (C)5W1H分析 (D)甘特圖

( ) 3. 有關Google雲端硬碟的描述，下列哪一項不是它的功能？
(A)提供即時儲存 (B)提供分享與協作服務 (C)提供繪圖功能 (D)提供影片剪輯功能

( ) 4. Google雲端硬碟中的文件、簡報與試算表，若多人共同編輯時，誤刪重要內容並關閉檔案後，可透過哪一項功能進行救援？
(A)同步備份 (B)版本控制 (C)追蹤修訂 (D)系統還原

( ) 5. 有關雲端硬碟中，指定共用對象的檔案使用權限，下列哪一個選項是錯誤？
(A)檢視者 (B)加註者 (C)使用者 (D)編輯者

APP 解答

1	B	2	A	3	D	4	B	5	C

單元 9. 全球資訊網、檔案傳輸、電子郵件

單元名稱	單元內容	109	110	111	112	考題數	總考題數
全球資訊網、檔案傳輸、電子郵件	全球資訊網	3	2	2	0	7	9
	檔案傳輸	0	0	0	0	0	
	電子郵件	1	1	0	0	2	

1. 瀏覽器(Browser)

(1) WWW架構中的應用軟體，用來瀏覽WWW上的網頁。

(2) 常見的瀏覽器：**Internet Explorer**(IE)、**Edge**(Microsoft公司)、**Chrome**(Google公司)、**Firefox**(Mozilla公司)、**Safari**(Apple公司)、**Opera**(Opera公司)。

2. 網頁瀏覽的過程

(1) 使用者執行瀏覽器軟體，輸入網址(**URL**)，客戶端與伺服端利用「**http**」通訊協定展開通訊。

(2) 伺服器找到網頁檔以及網頁所用的相關檔案，傳送給客戶端。

(3) 客戶端收到後，由**瀏覽器**負責將這些檔案組合成多媒體的網頁型態。

3. 網址(Uniform Resource Locator, URL)

(1) 用來標示網際網路所提供資源的方式，可以識別網際網路上的電腦、目錄或檔案位置，找到連結的網站位址。

(2) **URL的格式：**

http://www.ceec.edu.tw/QandA/QandA.htm

http://	www.ceec.edu.tw	/QandA/	QandA.htm
↑	↑	↑	↑
網路資源服務名稱	伺服器名稱	檔案路徑	檔案名稱

4. 全球資訊網相關名詞

名詞	說明
全球資訊網伺服器 (Web Server)	集中管理各網站，一台伺服器可有多個網站。
網站 (Web Site)	一個網站含有多個網頁及相關的圖檔、聲音檔等。
網頁 (Web Page)	每個網頁由文字、圖片及聲音等組成。
首頁 (Home Page)	指網站中第一個被瀏覽的網頁，主檔名通常為index或default。

5. 常見的搜尋網站(入口網站)

網站	網址
Google	www.google.com
雅虎奇摩	tw.yahoo.com
網路家庭	www.pchome.com.tw
MSN 台灣	tw.msn.com
中華電信	www.hinet.net
蕃薯藤	www.yam.com
新浪台灣	ww.sina.com.tw/
微軟 Bing	www.bing.com

6. 電子地圖

(1) 常見的電子地圖

電子地圖	網址
Google Maps	maps.google.com.tw
Apple Maps	Mapsconnect.apple.com
UrMap 你的地圖網	www.urmap.com
Taiwan Map 台灣電子地圖服務網	www.map.com.tw

(2) Google地圖(Google Maps)：提供路線規劃 、衛星地圖、店家景點搜尋、當地拍攝照片、360度環景照片及街景瀏覽等功能。

- **街景瀏覽**：拖曳地圖上的小金人 到地圖中，會提供該地點的街景瀏覽服務。
- **規劃路線**：可提供兩個或多個地點間以不同交通方式(開車、大眾路線、步行、單車、航空等)的路線資訊(交通時間、距離、途經地點等)，如以「**開車**」方式：**藍色**路線代表**交通順暢**、**橘色**代表**車多**、**紅色**代表**車流擁塞**，**灰色**代表**建議替代路線**；「**步行**」則會以**圓點**路線標示。

7. Google搜尋

(1) Google常用的**搜尋語法**

語法	說明	實例
"文字"	必須完成符合。	"墾丁賞鳥"
空白或+	二個關鍵字同時出現。	墾丁∆賞鳥 墾丁+賞鳥
-	只能出現第一個關鍵字且去除第二個關鍵字的搜尋結果，欲去除的關鍵字之前加 - 號。	墾丁∆-賞鳥
OR	出現任一關鍵字，OR要大寫且兩邊要有空格。	墾丁∆OR∆賞鳥
site:	只在某個網域或網站內查詢。	墾丁 site:com.tw
filetype:	搜尋特定檔案格式。	超人 filetype:pdf
related:	搜尋相同類型的網站。	related:tw.yahoo.com
字母大小	忽略英文字母大小寫。	「pc」與「PC」一樣

註：文中的∆代表空格。

(2) Google**圖片搜尋**：在Google搜尋按「以圖搜尋」📷 鈕，可以上傳照片來搜尋相似的圖片。

(3) 🎤Google**語音搜尋**：在Google搜尋「語音搜尋」🎤 鈕，可利用語音輸入相關字詞進行搜尋。

(4) Google**智慧搜尋**：可利用人工智慧解析隱藏含意，例如輸入算式「1+1」，google除了會搜尋「1+1」相關字詞外，還會出現網路計算機。

8. 檔案傳輸方式

(1) **HTTP**：**網站伺服器(Web Server)提供客戶端下載檔案**的傳輸方式，在網頁上的連結按右鍵選取『另存目標』，或是輸入檔案的網址直接下載。

(2) **FTP**：**檔案伺服器(File Server)與客戶端的檔案傳輸**方式，客戶端可透過瀏覽器或FTP軟體登入伺服器下載或上傳檔案。

(3) **P2P**：**客戶端與客戶端(即點對點)的傳輸方式**，每個客戶端都能下載或分享檔案。

9. 電子郵件位址格式

電子郵件**帳號@郵件伺服器網址**

(1) 例如：dreamer6@seed.net.tw，其中「@」代表「at」也就是「在」的意思。

(2) 同時寄發多個帳號時，以「；」或是「，」作區隔。

10. 電子郵件的通訊協定

語法	說明	實例
SMTP (簡易郵件傳送協定)	郵件伺服器上的一種協定	**發送**信件
POP3	將郵件伺服器上所有的信件一次下載到自己的電腦上	**收取**信件
IMAP (網際網路訊息接收協定)	可直接在主機上編輯郵件，再決定是否要將信件抓下來	**收取**信件

(1) 常見的收發電子郵件專用軟體有：Ms Outlook、Outlook Express。

(2) 以網頁的介面(Web Mail)收發郵件：例如：Yahoo!奇摩、Google的Gmail、PChome、Hinet的網路信箱等。

11. 電子郵件常用的功能

(1) 可附加檔案，有附加檔案的電子郵件會有「🖇」符號。

(2) 可設定通訊錄記錄連絡人的資訊，再直接由通訊錄挑選收件人。

(3) 寄給多位收信者時，其郵件地址之間要以「；」或「，」隔開。

PLAY 考題

喬巴在網路成立海賊王論壇，提供一個平台讓世界各地的業餘尋寶迷交流尋寶經驗。長期在海上征戰的海盜們，收到世界各地粉絲寄來的電子郵件有點措手不及，紛紛開始學習網路搜尋資料、下載與分享檔案，以及電子郵件的使用。

( ) 1. 下列哪一個不是常見的入口網站？
(A)www.google.com (B)tw.yahoo.com
(C)www.pchome.com.tw (D)www.taiwan.net.tw。

( ) 2. 以下哪一種軟體無法提供魯夫上網查詢生命的寶庫「龐克哈薩特」島嶼相關網頁的服務？ (A)Adobe Dreamweaver (B)Safari (C)Chrome (D)Firefox。

( ) 3. 下列有關全球資訊網的敘述，何者有誤？ (A)在Google或Yahoo!可利用鍵入關鍵字，自動找到相關的資料 (B)使用Chrome瀏覽器查閱網頁資料時，是使用FTP協定 (C)www.ntnu.edu.tw最可能是一個教育機構的網頁 (D)網際網路上Proxy Server的主要功能是暫存及提供使用者取用的網頁資料，以降低網路流量。

( ) 4. 下列有關全球資訊網的敘述，何者正確？ (A)一台全球資訊網伺服器(Web Server)中最多只能架設一個網站 (B)一個網站(Web Site)最多只能有一個包含圖檔和聲音檔的網頁 (C)可以在網頁(Web Page)中設定超連結至其他的網站 (D)首頁(Home Page)指網站中第一個被瀏覽的網頁，主檔名通常為homepage。

( ) 5. 下列哪一種方式可以讓連結在網路上的每個使用者都能下載和分享彼此的檔案？
(A)P2P (B)HTTP (C)FTP (D)TELNET。

( ) 6. 喬巴經常使用電子郵件與世界各地的友人聯繫，下列有關電子郵件的敘述何者錯誤？ (A)電子郵件中可以夾帶多個檔案 (B)電子郵件可以同時送給許多人 (C)SMTP協定主要是用來收信 (D)電子郵件位址的格式為「電子郵件帳號@郵件伺服器網址」。

( ) 7. 有關電子郵件的功能，下列何者錯誤？ (A)若郵件前出現色「！」符號，表示此郵件為高優先順序 (B)收發信件時會作即時的病毒偵測 (C)含有附加檔案的電子郵件前會出現「0」符號 (D)不同收信者的郵件地址之間要以「；」或「，」隔開。

( ) 8. 下列哪一種搜尋設定可以找到最多的網頁？(Δ代表空格)
(A)谷關Δ-溫泉 (B)谷關溫泉site:gov.tw
(C)谷關ΔORΔ溫泉 (D)"谷關溫泉"。

APP 解答

1	D	2	A	3	B	4	C	5	A	6	C	7	B	8	C

Smart 解析

1. (D) http://www.taiwan.net.tw/是交通部觀光局網站。
2. (A) Adobe Dreamweaver是網頁編輯軟體。

單元 10. 影音處理

單元名稱	單元內容	109	110	111	112	考題數	總考題數
影音處理	音效	2	1	0	0	3	9
	影片	3	3	0	0	6	

1. 聲音訊號

聲音是一種連續的類比訊號。

(1) **音量**：聲音的強弱，以**分貝(dB)**為單位，一般人所能聽到的範圍約為20dB～130dB。

(2) **音調**：聲音的高低，以**頻率(Hz)**為單位。

(3) 音色：發音體所具有的發音特色。

2. 數位語音

(1) 影響語音數位化後**聲音品質**的因素：**取樣頻率、取樣大小**。取樣頻率愈高或取樣大小愈大，數位化後的音質就愈好。

(2) **取樣頻率**：**每秒對聲波取樣的次數**，以**Hz**(赫茲)為單位。例如：音樂CD的取樣頻率為44.1kHz。

(3) **取樣大小**(取樣解析度)：**一個聲音樣本所占的儲存空間**，例如：音樂CD取樣大小為16位元，代表有2^{16}=65536個位階。

(4) **語音壓縮**：沒有經過壓縮的語音檔很大，除了儲存的負擔，也增加傳輸的時間，因此語音壓縮是一大流行技術。常見的語音壓縮技術有ISO/MPEG的**MP3**、Dolby的**AC-3**。

計算：利用取樣大小及取樣頻率求出聲音檔的大小

例 假設以取樣大小16位元、取樣頻率44.1kHz來儲存50分鐘的聲音樂CD。請問這張音樂CD共用了多少空間來儲存音樂？

解 每秒取樣44100次，每次取樣以16位元儲存，使用的空間為：

44100×16 bits ＝ 44100×16/8 Bytes ＝ 86.13 KB。

50分鐘使用的空間為：86.13 KB×50×60 ＝ 252.3 MB。

3. 常見的聲音檔案格式

類型	格式	特　　性
未壓縮	WAV	Windows中標準語音檔案的格式。
	AIFF	Apple蘋果電腦開發，用於MacOS平台。
	AU	SUN昇陽公司開發，支援Java，主要用於UNIX、Linux。
	CDA	是音樂CD片最常用的檔案格式。
	MIDI	電子合成樂的檔案格式，只儲存樂譜的相關資訊，如：調號、音符…等，因此檔案較小。
壓縮非破壞性	APE	Monkey's Audio，網路上俗稱猴子格式。
	FLAC	支援大多數的作業系統，屬於自由軟體。
	TTA	開放原始碼的自由軟體
	ALAC	Apple蘋果電腦開發
破壞性壓縮	MP3	屬於MPEG-1標準中的聲音壓縮技術，它可以用高壓縮比(約1:10)來轉換.wav檔案。
	WMA	Microsoft微軟公司開發，支援串流傳輸。
	AAC	採用MPEG-2的聲音壓縮標準，擁有比MP3更高的壓縮率(約1:20)，而且音質比MP3更好。目前Apple的iPod數位音樂隨身聽可使用此種音樂檔格式。

4. 數位視訊

由一連串的畫面(**frame**、影格、畫格)所組成，經由快速地播放以產生連續的效果。

(1) **影格速率**：單位為**fps**(frame per second)，即**每秒可以播放的畫面數**，例如：30fps表示每秒播放30個畫面。

(2) 位元資料流(位元率)：每秒傳遞資料的位元數，用來做為視訊流量或音訊流量的單位，如：Kbps、Mbps、Gbps。

計算：利用影格速率求出視訊流量的大小

例 若一部DVD影片的畫面解析度是720×480，以全彩模式顯示每個像素，若要以影格速率是30fps方式播放，則其視訊流量為何？

(A)100Mbps　(B)250Mbps

(C)250Kbps　(D)100Kbps。　**ANS：(B)**

解 視訊流量＝一張畫面總點數×每點的儲存空間×影格速率＝(720×480)×24bits×30＝248832000 bps＝248.8 Mbps。

(3) 視訊解析度：一個畫面所包含的像素量。

- **傳統電視SDTV**：畫面的標準解析度為704×480或720×576。
- **高畫質電視HDTV**：採用720p以上的影像訊號格式(720p/1080i/1080p)。
- **Full HD**：能完整顯示每秒60個1920×1080p解析度畫面的像素，才能稱為Full HD。
- **Ultra HD(UHD)**：指4K或8K解析度，例如：4K或8K取其水平像素約為4000(即1920×2)或8000(即1920×4)，8K UHD解析度為(1920×4)×(1080×4)，亦即HD的16倍。

5. 影音的壓縮技術－MPEG

使用於視訊及音訊資料的**破壞性失真壓縮**方法，壓縮比很高。

(1) **MPEG-1**：製作**VCD**採用的影音壓縮技術，影音品質較差。其中的MPEG-1 Layer 3就是廣泛使用的**MP3音樂壓縮**技術。

(2) **MPEG-2**：製作**DVD**採用的影音壓縮技術。其較高畫面解析度可使用於**HDTV**電視(高畫質數位電視，**解析度1920×1080**)。

(3) **MPEG-4**：其壓縮比高過於MPEG-2，而影像品質接近DVD，可使用於HDTV電視。

(4) **MPG-4 AVC**：MPG-4進階視訊編碼，又稱為H.264，應用於BD、HD DVD等設備。

(5) **H.265**：高效率視訊編碼(HEVC, High Efficiency Video Coding)，適用於4K UHD的視訊壓縮。

(6) DivX / XviD為**視訊編解碼器**(codec)，是一種由MPEG-4衍生出的視訊壓縮格式，副檔名為.avi，需要安裝解碼程式才能播放，由於畫質清晰、檔案小，近來常見於網路上的**串流影片**檔。**XviD**則為**開放原始碼**軟體(GPL使用權)。

6. 常見影片檔案格式

格式	說　　明	支援串流
AVI	Windows標準的影音檔案格式，內容可為壓縮與不壓縮	
MPEG	採用MPEG-1或2壓縮技術製作的影音檔	
VOB	DVD影片檔	
MP4	採用MPEG-4壓縮技術製作的影音檔	✓
WMV WMA ASF	Windows標準的**串流影音**檔案格式	✓

格式	說　　明	支援串流
RM RAM RMVB	Real Network的**串流影音**檔案格式	✓
MOV	Apple的**串流影音**檔案格式	✓
DivX/XviD	流行於Internet上，採用**MPEG-4製作視訊**、採用**MP3製作音訊**的影音檔案	✓

7. 串流(Streaming)

(1) 影音資料在Internet上**一邊傳輸一邊播**放的下載技術，播放前會將檔案先下載一段儲存在接收端電腦的緩衝區內，不需要將整個影音檔案下載完畢就可以播放。

(2) 當影音播放完畢後，檔案**不會留存在接收端的電腦上**，可以**防止盜版**。

(3) **順序串流**(Progressive streaming)：依照順序下載檔案，在下載的同時可線上觀看，但只能觀看已下載的部份，在觀看前會有些延遲現象，適合高品質的短片，如：預告片、廣告。

(4) **即時串流**(Realtime streaming)：配合串流專用伺服器，可以在線上即時觀看，可跳轉播放前後的片段，但視訊品質較差，適合現場廣播。

(5) **串流傳輸伺服器**：順序串流傳輸使用一般的網頁伺服器(Web Server)，即時串流需要特定的串流伺服器(Streaming Server)，例如：**RealServer**、**Windows Media Server**或**QuickTime Streaming Server**，另外還需要特殊的網路協定，例如：**RTSP**(Realtime Streaming Protocal)或**MMS**(Microsoft Media Server)。

8. 影音播放、剪輯與特效軟體

(1) **影音播放軟體**：Windows Media Player、iTunes、Real Player、QuickTime、PotPlayer等。

(2) **影音剪輯軟體**：會聲會影(Corel VideoStudio)、威力導演(PowerDirector)、Windows相片、Windows DVD Maker、Apple iMovie、Adobe Premiere Pro等。

(3) **視訊特效軟體**：Adobe After Effects、Apple Motion等。

(4) **線上影片播放及剪輯軟體：YouTube**等。

9. Windows「相片」

(1) 專案檔副檔名為**.vpb**。

(2) Windows 10系統內建「相片」搭配「影片編輯器」應用程式，能取代**Windows Movie Maker** 製作影片。

(3) 功能包含**修剪**、**動畫效果**、**添加文字**、**3D效果**、**濾鏡**、**音樂**等，可快速剪輯影片、製作照片幻燈片、電影故事MV。

(4) 各種素材檔適用格式：

檔案類型	檔案格式
音訊檔	**wav**、**mp3**、**.wma**、.wm、**.m4a**、**.aac** 等
圖片檔	**.bmp**、**.jpg**、.jpe、.jpeg、**.gif**、**.png**、.tif、.tiff、.dib、.jfif 等
視訊檔	**.avi**、**.mpeg**、**.mp4**、**.wmv**、**.mov**、.wm、.asf、.m2t、.m4v、.mkv

(5) 製作完成的作品，可以「**發佈影片**」與他人分享或「**儲存影片**」成三種規格的畫質。

PLAY 考題

魯夫平時閒暇就愛看TikTok上的短片，最近還上網自學微電影拍攝。魯夫得知喬巴是電影學院的高材生，所以找喬巴一同籌劃航海紀錄片的拍攝工作，以及影片剪輯的相關技術。

(　) 1. 下列何者不是影音檔案類型？
(A)wav　(B)mp3　(C)wmf　(D)mov。

(　) 2. 魯夫想用DV拍下自己畫時代的航海記錄片，他可以選用下列哪一種未被壓縮過的數位影音格式？
(A)AVI　(B)MPEG　(C)MP3　(D)RM。

(　) 3. 下列檔案格式中，共有幾種是經過破壞性壓縮處理的檔案？　①JPEG ②AVI ③MPEG ④GIF ⑤BMP ⑥MP3 ⑦PNG ⑧RM ⑨WAV ⑩TIFF　(A)4　(B)5　(C)6　(D)7。

(　) 4. 下列有關電腦處理聲音的敘述，何者不正確？　(A)取樣頻率愈高或取樣大小愈大，數位化後的音質就愈好　(B)MP3是屬於MPEG標準中的高階壓縮技術，常用於影片視訊檔的壓縮，壓縮比可達1：10　(C)一般音樂CD片最常用的檔案格式是CDA　(D)WAV檔是Windows中標準未壓縮語音檔案的格式。

(　) 5. 下列有關電腦處理視訊的敘述，何者不正確？　(A)MPEG-2是用來製作DVD採用的影音壓縮技術　(B)RM是一種流行於網路上的串流影音檔案格式　(C)AVI是Windows 標準的影音檔案格式　(D)串流(Streaming)技術最大優點是不連線上網也可觀看網路電影。

(　) 6. 影格速率的單位為？ (A)bps (B)dpi (C)rpm (D)fps。

(　) 7. 魯夫想將自己拍攝的航海記錄片轉成串流影音檔案的格式，並且PO上網和好友分享，下列哪一種格式比較不合適？　(A)RMVB　(B)MOV　(C)AVI　(D)WMA。

(　) 8. 下列何者為影音剪輯軟體？　(A)Windows Media Player　(B)Windows Movie Maker　(C)Flash　(D)Adobe After Effect。

(　) 9. 採用不壓縮的方式儲存一部10分鐘的短片，若其影格速率是20 fps，而畫質顯示為640×480，畫素可使用的顏色數是65536色，則這部短片約需要多少的儲存空間？(A)580 MB　(B)2.6 GB　(C)7.3 GB　(D)10.5 GB。

(　) 10. 關於串流技術，下列何者為誤？　(A)串流技術分即時串流與順序串流　(B)當影音播放完畢後，檔案會留存在接收端的電腦上，以供日後使用(C)RTP是串流技術的網路協定(D)即時串流的影片畫質比順序串流較差。

APP 解答

1	C	2	A	3	A	4	B	5	D	6	D	7	C	8	B	9	C	10	B

Smart 解析

1. (C) wmf：向量圖檔。

3. 破壞性壓縮處理的檔案：JPEG、MPEG、MP3、RM共4種
   非破壞性壓縮處理的檔案：GIF、PNG與TIFF
   未經壓縮處理的檔案：AVI、BMP、WAV。

4. (B) MP3常用於聲音檔的壓縮。

5. (D) 串流：影音資料在Internet上一邊傳輸一邊播放，所以須連線上網才能觀看網路影片。

6. (A) bps：資料傳輸單位
   (B) dpi：印表機解析度
   (C) rpm：硬碟轉速。

9. 65536色需使用16位元來表示，
   (10×60×20×640×480×16)=58982400000bits=7.3GBytes。

統一入學測驗模擬試題（一）

單元1～10	得分
班級：________ 姓名：__________ 座號：______	

本試卷共 25 題，每題 4 分，共 100 分

(　) 1. 在Microsoft Word中，將游標移至表格左上角按下圖示，則會選取表格的哪一部份？ (A)最左上方儲存格 (B)第1列 (C)第1欄 (D)整個表格。

日期	時間	活動
06/06	10：00	旅行分享講座
06/07	14：00	生涯規劃講座

(　) 2. 在Microsoft Word中，若出現部分文字及圖片的上半部被裁掉無法顯示的情形(如下圖)，最有可能是因段落文字的行高設定為下列何者所造成？ (A)單行間距 (B)固定行高 (C)最小行高 (D)多行。

夢想飛翔!

(　) 3. 在Microsoft Word中，按下哪一組快速鍵，可以選取文件的所有內容？ (A)Ctrl+A (B)Ctrl+Z (C)Ctrl+Y (D)Ctrl+V。

(　) 4. 下列何種語言可讓設計人員自訂標籤，自訂設計結構化的資料？ (A)HTML (B)DHTML (C)ASP (D)XML。

(　) 5. 下列何者不是常用的網頁格式？ (A)HTML (B)XML (C)AVI (D)ASP。

( ) 6. Yahoo!奇摩拍賣是屬於哪一種型態的電子商務？ (A)C2C (B)B2C (C)C2B (D)B2B。

( ) 7. 對於網路上常見的串流影音檔案格式的敘述，何者有誤？ (A)可以一邊傳輸一邊播放 (B)網路新聞即是其應用實例 (C)播放完畢後，檔案不會留在電腦上，可防止盜版 (D)AVI屬於串流影音檔案。

( ) 8. 下列何者不是常見的影音播放軟體？ (A)Windows Media Player (B)iTunes (C)Adobe Illustrator (D)Real Player。

( ) 9. 騙人布利用空島的音貝錄製各種鳥類的叫聲，準備帶回去藍海與人分享。請問下列何者不會是音貝錄製時所使用的聲音檔案格式？ (A)WAV (B)MP3 (C)PNG (D)CDA。

( ) 10. 下列哪一個檔案格式可呈現圖形動畫效果？ (A)TIF (B)BMP (C)GIF (D)JPEG。

( ) 11. 下列關於數位影像的敘述，何者正確？ (A)放大或縮小點陣影像(Bitmap Image)時，不會造成影像失真 (B)向量式影像質感細緻，適合人像照及風景照 (C)影像每英吋所包含的像素數量越多，代表解析度越高 (D)列印影像圖檔時，印表機的解析度單位為每秒像素數(pixel per second)。

( ) 12. 在RGB模式中，將紅、綠、藍三色以色彩強度皆為255加以調色混合，試問所得的顏色為何？ (A)黑 (B)白 (C)黃 (D)灰。

( ) 13. 欲將一張800×600的照片存入剩餘空間1MB的隨身碟內，這張照片可使用的最佳色彩數是？ (A)24bits全彩 (B)65536色 (C)256色 (D)8色。

(　)14. 香吉士聽聞有一家新開幕的餐廳很好吃，於是上網購買該餐廳推出的優惠餐券，準備假日時和朋友一起去大快朵頤。請問這種消費方式是屬於電子商務中的何種經營模式？ (A)C2B (B)G2C (C)O2O (D)B2C。

(　)15. 下列有關共享軟體(Shareware)的敘述，何者有誤？ (A)共享軟體仍擁有著作權 (B)試用時無須付費 (C)一般是用來推廣新軟體 (D)Microsoft Office就是屬於共享軟體。

(　)16. 喬巴想在「PcGoHome」網站刷卡購買3C產品，請問購物平台網站需提供哪一項技術來保障消費者刷卡交易時的安全性？
(A)LTE(Long Term Evolution)
(B)WiMax(Worldwide Interoperability for Microwave Access)
(C)SRAM(Static RAM)
(D)SET(Secure Electronic Transaction)。

(　)17. 下列哪一種軟體不適用於多人合作共創的目的？ (A)Google協作平台 (B)Google日曆 (C)Google播客 (D)Gantter for Google Drive。

(　)18. 魯夫想將公司最新的產品目錄電子檔放置在雲端，方便客戶自行參閱及訂購，所以利用Google 雲端硬碟採「共用」方式分享，請問開放給客戶的文件檔案權限，應該選擇下列哪一項較合適？ (A)註解 (B)編輯 (C)檢視 (D)新增。

(　)19. 下列關於網頁設計軟體的敘述，何者有誤？
(A)Dreamweaver是專門用來製作網頁的軟體
(B)使用記事本也可以設計網頁
(C)MS Office 2016的Word、Excel、PowerPoint都可直接將文件存成網頁檔
(D)Google協作平台可套用版型快速製作出網頁。

(　)20. 某一網站標示創用CC(Creative Commons)圖示如下圖，其符號意義除代表「姓名標示」之外，還代表下列何者？ (A)非商業性 (B)相同方式分享 (C)禁止改作 (D)允許改作。

(　)21. 在Microsoft Excel中，若要將儲存格內的資料強迫換列，可按住下列哪一組按鍵？ (A) Ctrl + Enter (B) Shift + Enter (C) Alt + Enter (D) Tab + Enter 。

(　)22. 在Excel中，假設A1、A2、A3、A4、A5分別存有數值資料5、4、3、2、1，則下列關於各函數的敘述何者有誤？
(A)SUM(A2:A4)結果等於A2+A3+A4
(B)AVERAGE(A2:A4)結果等於SUM(A2+A4)/2
(C)RANK(A1,$A$1:$A$5)結果等於1
(D)COUNT(A2:A4)結果等於3。

(　)23. 喬巴任職的旅行社開發了好幾條花東秘境路線，並將每個新開發的旅程拍攝3至5分鐘短影片介紹，請問這些宣傳影片上傳至哪一個平台最適合？ (A)Instagram (B)Youtube (C)Twitter (D)Google Drive。

(　)24. 騙人布在電腦中開啟了瀏覽器，以下有哪一項工作是無法單純透過瀏覽器來執行的？
(A)連上台鐵網站查詢火車時刻
(B)在支援Web Mail的郵件伺服器上閱讀、發送電子郵件
(C)連線到FTP主機下載檔案
(D)下載並解壓縮ZIP格式的共享軟體。

(　)25. 喬巴想要到網路上的維基百科網站查詢有關大秘寶「One Piece」的相關資訊，他應該使用下列哪一項工具，才能順利瀏覽網頁上的文字和圖片內容？ (A)Skype (B)Adobe Acrobat (C)Google Chrome (D)CuteFTP。

單元 11. 資訊與網路安全

單元名稱	單元內容	109	110	111	112	考題數	總考題數
資訊與網路安全	網路安全	1	4	0	3	8	9
	SET	0	0	0	0	0	
	SSL/TLS	0	0	0	0	0	
	防火牆(Firewall)	1	0	0	0	1	

1. 資訊安全

主要包含防毒與防駭、良好的密碼、檔案資料的保護、設立防火牆、網路身分認證、資料備份、傳送資料加密等。

2. 網路安全的基本要求

(1) **機密性(Confidentiality)**：確保資訊的機密，防止機密資訊洩漏給未經授權的使用者，可利用加密技術達成。

(2) **完整性(Integrity)**：確保資訊的完整，防止資料內容被未經授權者所篡改或偽造，可利用數位簽章技術檢驗。

(3) **可用性(Availability)**：確保資訊系統正常的運作，提供有效且正確的資料給合法使用者。

(4) **認證性(Authentication)**：確認資料訊息的來源，以及資料傳送者身分的驗證，可利用數位簽章技術達成。

(5) **不可否認性(Non-Repudiation)**：驗證使用者確實已使用過某項資源，或訊息傳送方無法否認傳送過該訊息，可由數位簽章技術達成。

(6) **存取權控制(Access Control)**：控制使用權限的範圍，避免未授權者擅自使用資源。

3. 網路安全的威脅

(1) 系統漏洞，層出不窮。

(2) 電腦病毒，變種快速。

(3) 惡意軟體及木馬程式氾濫。

(4) 垃圾郵件及色情網站充斥。

(5) 網路詐騙手法，不斷翻新。

4. 網路安全守則

(1) 不下載非法的檔案、音樂、影片、圖片。

(2) 不任意開啟來路不明的電子郵件或下載不安全的軟體。

(3) 不使用P2P軟體下載檔案。

(4) 安裝並隨時更新防毒與防駭工具軟體。

(5) 遵守網路分級制度，不進入不法網站。

(6) 不要在網路上公佈自己或別人的重要資料。

(7) 不複製、張貼或轉載網路上他人的文章、圖片及影音檔案。

(8) 不在網路上發表不實或惡意攻擊他人的言論。

(9) 上網購物時需確認網站是否通過安全認證。

(10) 若疑似遇到網路詐騙，撥打165反詐騙專線，報警處理。

5. 防火牆(Firewall)

是用來**加強兩個網路間存取控制**的安全機制，如**過濾並攔阻**可疑的資料封包，亦可**管制**資料封包的流向，加強內部網路安全。它可以是專屬的硬體設備，也可以是軟體或程式。

防火牆常見的問題：

(1) 大量的資料流通都須透過防火牆檢查，會使得**網路效率降低**。

(2) **無法阻絕來自內部的可能攻擊**。

(3) 通常防火牆**無法完全阻絕外來病毒的攻擊**。

6. 入侵偵測系統(Intrusion Detection System, IDS)

用來偵測可能危及電腦和網路安全的攻擊，例如：檢查電子郵件。常用的偵測方式為：

(1) **特徵偵測**：蒐集曾發生過的攻擊所具有的共同特徵，但是難以偵測到新的攻擊。

(2) **異常偵測**：定義正常的運作方式，發現異常時提出警告，缺點是可能發生誤判。

7. 虛擬私有網路(Virtual Private Network, VPN)

大型企業可在各地據點或分公司之間利用密碼學技術(例如：加密及數位簽章)建立一個安全的網路通道，確保流通資訊的安全。

8. 資料加解密的技術

(1) **金鑰(Key)**：加解密時均需要使用金鑰，金鑰是一個由一連串0與1所組成的位元字串，其長度決定安全性強度，長度愈長，解密難度愈高。

(2) **秘密金鑰密碼術**：屬於「**對稱密碼術**」，傳送端以秘密金鑰加密，接收方以相同秘密金鑰解密。

(3) **公開金鑰密碼術**：屬於「**非對稱密碼術**」，每人均有公開金鑰及私人金鑰，公開金鑰是大家都知道，私人金鑰只有自己知道，二者之間具有相關性，但是無法從其中一個計算出另外一個。常見的應用有數位簽章及秘密通訊。

9. 數位簽章

(1) **傳送端**以其「**私人金鑰**」**產生簽章**，連同由CA(憑證管理中心)所發予的憑證(包含持有人的公開金鑰)一起送出，**接收方**則使用所收到的「**傳送端的公開金鑰**」**來驗證簽章是否正確**。

(2) **可確定資料是由傳送端發出**，如同在一份文件上蓋章一樣，且能確保文件的完整性，亦即未曾受到任何的竄改，例如：網路報稅。

10. 秘密通訊

(1) 傳送端以「接收方的公開金鑰」加密，接收方以其「私人金鑰」才能解密。

(2) 可確保只有收件人才能解密及閱讀。

11. 憑證管理中心(CA)

一個具公信力的第三者，對個人及機關團體提供認證及憑證簽發管理等服務，例如：內政部憑證管理中心(MOICA)。

12. 數位憑證(Digital Certificate)

(1) 憑證內包含持有人的資料及持有人的公開金鑰。

(2) 應用：自然人憑證(自然人憑證IC卡、網路身分證)可以向內政部憑證管理中心提出申請，政府機關可依此憑證確認存取網際網路的使用者身分，提供個人化的網路服務，例如：網路報稅、電子公路監理站報繳規費等。

13. 安全認證協定

安全機制	SSL 安全介面層協定	TLS 傳輸層安全協議	SET 電子商務安全交易
用途	應用於瀏覽器，以公鑰辨識身份		線上交易付款過程時確認身分及保護資料
憑證申請	賣方需要、買方不需要		買賣雙方皆需要
安全性	較低		較高
方便性	易		難
應用	網路資料傳輸(瀏覽器上的URL會有「https」)、線上刷卡		線上刷卡
提出者	Netscape公司	IETF組織	VISA、Master等信用卡公司

PLAY 考題

傑克與娜美兩人一起在電商平台開店，一位是專賣海賊王DVD，另一位專賣海賊王公仔，兩人的賣場都深受年輕族群的喜愛，良好的銷售互動更得到了五星評價。

( ) 1. 下列哪一個不是正確的「網路安全守則」？ (A)不下載非法的影片、圖片 (B)盡量少使用社群網站 (C)不要在網路上公佈自己或別人的重要資料 (D)上網購物時需確認網站是否通過安全認證。

( ) 2. 傑克登上網路銀行進行轉帳時，發現銀行網站的網址列出現了「https」，跟一般的http不同，嚇的傑克以為是詐騙網站。請問「https」多了「s」指的是？
(A)SSL (B)SET (C)SMTP (D)SSD。

( ) 3. 香吉士以「線上刷卡」的方式在網路上購買捍衛戰士藍光DVD，這是採用哪一項安全交易機制？
(A)SET (B)SHA (C)PAP (D)HTTP。

( ) 4. 有關網路安全機制，下列敘述何者較不適當？ (A)SET包含交易雙方身分確認及傳輸資料的保護 (B)SSL普遍運用於瀏覽器中 (C)HTTPS是Web上加密傳輸協定 (D)防火牆可以完全阻絕外來病毒攻擊，保護網路資料的安全。

( ) 5. 企業常用防火牆來保護內部網路的安全，下列有關防火牆的敘述，何者正確？ (A)可以提昇瀏覽網頁的效率 (B)所具備的功能由軟體來完成，與硬體無關 (C)可以封鎖特定的IP位址傳送的封包 (D)可免於遭受來自內部及外部的攻擊。

( ) 6. 娜美這一年來很努力的工作，終於賺到了一億貝里，沒想到竟然收到世界政府的繳稅通知。娜美使用網路報稅時，為了確認這是自己所傳送的資料時，應採用下列何種技術較為合適？ (A)對稱加密技術 (B)秘密通訊 (C)無線傳輸 (D)數位簽章。

( ) 7. 世界政府延攬了七個海賊，成為王下七武海，並給了每個人「數位憑證」，請問有關數位憑證的敘述，下列何者有誤？ (A)憑證內只有持有人的基本資料 (B)可用來產生數位簽章 (C)由憑證管理中心所發放 (D)憑證內包含持有人的公開金鑰。

( ) 8. 魯夫傳了一份只有娜美才可以閱讀的私人文件，娜美在收到文件時需要使用下列哪一項來解密？ (A)娜美的公開金鑰 (B)娜美的私人金鑰 (C)魯夫的公開金鑰 (D)魯夫的私人金鑰。

( ) 9. 下列哪一項不是用來增加網路安全的措施？ (A)設定入侵偵測系統 (B)使用P2P軟體 (C)建立虛擬私有網路 (D)設定防火牆的防護。

APP 解答

1	B	2	A	3	A	4	D	5	C	6	D	7	A	8	B	9	B

Smart 解析

2.(C) SMTP：郵件伺服器上的發信協定。
(D) SSD：固態硬碟。

5.(A) 提昇瀏覽網頁效率的是Proxy Server。
(B) 所具備的功能與軟體、硬體皆有關。
(D) 無法阻絕來自內部的可能攻擊。

6.(D) 數位簽章：可確定資料是由傳送端發出。

單元 12. 通訊協定

單元名稱	單元內容	109	110	111	112	考題數	總考題數
通訊協定	ISO/OSI	1	1	0	1	3	9
	TCP/IP架構	0	2	0	1	3	
	其它通訊協定	0	0	2	1	3	

1. 通訊協定

網路上硬體及軟體之間通訊的共同協定，**兩部電腦之間資訊往來都得使用相同的通訊協定**。

2. 開放式系統連接參考模式(OSI)

國際標準組織(ISO)提出開放式系統連接(簡稱OSI)的參考模式，共七層，**層級愈低愈接近硬體層次**，**層級愈高愈接近使用者層次**。

層級	名稱	功能	相關技術及設備
七	應用層 Application	**負責使用者與網路間的**溝通(如：軟體功能性及使用者介面等)	WWW、ftp、Telnet、E-mail(IMAP協定、POP3協定、SMTP協定)、DHCP協定、DNS協定等
六	表達層 Presentation	將資料轉為電腦系統能處理的格式(如：**解壓縮、解密、壓縮、加密**)	
五	會議層 Session	負責使用者連線管理	

層級	名稱	功能	相關技術及設備
四	傳輸層 Transport	負責監督資料封包**傳輸的正確性**	**TCP**協定、**UDP**協定
三	網路層 Network	加入IP位址**產生資料封包(packet)**，負責兩端點的**路徑管理**(建立、維護、結束、選擇傳輸最佳路徑等)	**IP**協定、ARP協定、路由器、第3層交換器、IP分享器
二	資料連結層 Data Link	加入實體位址(MAC位址)**制定訊框(Frame)**，檢查與偵測傳輸過程是否產生錯誤，解決資料碰撞	**網路卡**、交換器、**橋接器**、**CSMA/CD**協定(乙太網路)、Token Ring協定、FDDI協定、**PPPoE**協定、**Wi-Fi**、**WiMAX**、**HSDPA**
一	實體層 Physical	負責定義網路硬體的**傳輸媒介**、**規格**、佈線方式	傳輸媒體、數據機、集線器、中繼器

3. TCP/IP通訊協定

(1) TCP/IP(也被稱為**DoD模型**)與OSI的比較：TCP/IP架構共分四層。

函　數	層級	範　例
應用層(Application) 表達層(Presentation) 會議層(Session)	四	應用層(Application)：提供網路服務給使用者的各項協定。 例：**HTTP**、**FTP**、**POP3**、**SMTP**、**mailto**、**IMAP**、**TELNET**、**DHCP**、**DNS**
傳輸層(Transport)	三	傳輸層(Transport)：負責流量控制、錯誤控制，確保資料傳送。 例：**TCP**、**UDP**
網路層(Network)	二	網際網路層(Internet)：負責IP定址、資料傳輸的路徑選擇。 例：**IP**、ARP、ICMP

函　數	層級	範　例
資料連結層(Data Link)	—	網路介面層(Network Interface)：負責網路硬體溝通。 例：網路卡的驅動程式
實體層(Physical)		

(2) 常用的TCP/IP協定：

TCP	資料傳輸協定	SMTP	簡易電子郵件**傳送**協定
IP	Internet通訊協定	POP3	電子郵件**接收**協定
HTTP	**WWW傳輸**協定	IMAP	網際網路訊息**接收**協定
FTP	**檔案傳輸**協定	DHCP	動態主機設定協定
TELNET	遠端登錄協定	PPP PPPoE	建立及維持兩台電腦之間的連線
mailto	啟動電子郵件軟體寄送新信件	DNS	網域名稱協定

(3) URL(全球資源定位器，Uniform Resource Locator)：讓在Internet上的所有資源都能透過此方法而找到其位置。

- URL格式：**『通訊協定://伺服器位址/檔案路徑/檔案名稱』**
- 常見的通訊協定：http、ftp、mailto等。

  http://www.ntu.edu.tw(http://可省略)

  ftp://ftp.ntu.edu.tw

  mailto:dreamer6@ntu.edu.tw(沒有 //)

(4) TCP/IP架構中傳輸層連接上層的應用層，定義了一些特定的傳輸埠(Port)，其中常見者如：**HTTP為80**，TELNET為23，**FTP為21**，SMTP為25。用法如：『**ftp://ftp.ntu.edu.tw:21**』。

PLAY 考題

海上尋寶需要事前縝密的溝通與規劃，喬巴希望藉由網路來加速船艦上夥伴之間的聯繫，所以增購了無線路由器，並找來海賊王 Facebook 粉絲專頁的管理員魯夫，完成無線路由器中有關通訊協定的設定。

(　) 1. 魯夫使用Microsoft Edge瀏覽器上網搜尋大秘寶「One Piece」的資訊，尋找如何進入偉大航道，找到「海賊王」羅傑所有的財寶。魯夫所使用的瀏覽器是屬於國際標準組織(ISO)所規範的七層開放式系統連接模型(OSI)的哪一層？　(A)資料連結層(Data Link Layer)　(B)網路層(Network Layer)　(C)傳輸層(Transport Layer)　(D)應用層(Application Layer)。

(　) 2. 路由器(Router)主要負責資料傳輸的路徑管理，其運作層次為？　(A)實體層　(B)資料連結層　(C)網路層　(D)傳輸層。

(　) 3. 對於OSI的七層架構圖，下列敘述何者有誤？　(A)集線器的運作是屬於實體層　(B)傳輸層負責監督封包是否正確傳遞　(C)表達層負責網路的資料流量控制　(D)各類網路軟體屬於應用層。

(　) 4. TCP/IP網路四層架構中的網際網路層如同國際標準組織(ISO)所訂定之開放式系統連結(OSI)的參考模式中的哪一層？(A)網路層　(B)資料鏈路層　(C)實體層　(D)運送層。

(　) 5. 下列有關OSI(Open System Interconnection，開放系統連結)的敘述，何者錯誤？　(A)TCP(Transmission Control Protocol)的功能是對應OSI七層架構中的傳輸層(Transport Layer)　(B)IP(Internet Protocol)的功能是對應OSI七層架構中的會議層(Session Layer)　(C)在OSI七層架構中，最上層為應用層(Application Layer)，最下層為實體層

(Physical Layer)　(D)在OSI七層架構中，實體層(Physical Layer)負責將資料轉換成傳輸媒介所能傳遞的電子信號。

(　) 6. TCP/IP是一群通訊協定的總稱，下列何者非屬其一？
(A)FTP　(B)SSL/TLS　(C)TCP/IP　(D)SMTP/POP3。

(　) 7. 欲利用IE瀏覽「網址為www.npm.gov.tw且埠號(Port)為6000」的虛擬主機，應如何輸入其位址？
(A)http://www.npm.gov.tw/
(B)http://www.npm.gov.tw/index.htm
(C)http://www.npm.gov.tw/6000
(D)http://www.npm.gov.tw:6000/。

(　) 8. 根據下列何種通訊協定，當連線網際網路時會自動分配一個IP位址給所使用的電腦？
(A)FTP　(B)TCP/IP　(C)DHCP　(D)HTTP。

(　) 9. 要在網際網路上專用於提供檔案傳輸的伺服器中上傳或下載檔案時，下列哪一個URL是可行的？
(A)ftp://163.72.194.46
(B)mailto:chen@hotmail.com
(C)bbs://214.116.142.21
(D)http://www.nctu.edu.tw/en/index.htm。

(　)10. 喬巴為了方便和所有的伙伴們使用E-MAIL互相聯絡，因此他想要在自己的電腦中安裝電子郵件軟體。安裝時需要設定郵件伺服器來接收信件，此功能會使用到下列哪一種通訊協定？　(A)SMTP　(B)POP3　(C)BBS　(D)Spam。

APP 解答

1	D	2	C	3	C	4	A	5	B	6	B	7	D	8	C	9	A	10	B

Smart 解析

3.(C) 表達層負責將資料轉為使用者看得懂的格式。

6.(B) SSL/TLS：網路安全協定。

單元 13. CPU

單元名稱	單元內容	109	110	111	112	考題數	總考題數
CPU	CPU	1	4	2	2	9	9

1. CPU效能

(1) **CPU的速度**：也稱為**時脈頻率**，指每秒的時鐘脈衝次數，單位為**MHz**(百萬赫茲，**$1M=10^6$**)或**GHz**(十億赫茲，**$1G=10^9$**)。如：Intel Core i9-**12900**K_**3.2**GHz，此CPU為Intel公司第12代處理器，速度是3.2GHz。

(2) 執行1個時脈所需的時間稱為**時脈週期**(Clock Period)，**時脈頻率×時脈週期=1**，表示**時脈與頻率互為倒數**。

(3) **CPU規格**：

(4) **FSB**(Front Side Bus，前端匯流排)：指**CPU對外**(與北橋晶片)的**運作速度，速率越高效能越好**。

2. 電腦系統執行速度

MIPS(每秒所執行的百萬個指令數，$1M=10^6$)、GIPS(每秒所執行的十億個指令數，$1G=10^9$)：計算電腦系統執行速度的單位。

3. 若CPU的資料匯流排線有n條，可表示：

(1) 此部為**n位元的電腦**。

(2) 一次能處理或存取**n位元**。

(3) 一次能處理的資料量以Word為單位時，**1 Word = n位元**。

例如：某CPU的資料匯流排有64條，則此部為64位元的電腦。CPU一次能處理或存取的資料為64位元(即8Bytes)，而且1 Word ＝ 64位元。

4. 若CPU的位址匯流排線有m條，可表示：

(1) **主記憶體容量最大為2^mBytes**。

(2) 可定址的最大記憶體空間為2^mBytes。

例如：某CPU的位址匯流排有34條，則可定址的最大記憶體空間為2^{34}Bytes(＝2^4×2^{30} Bytes＝2^4 GB ＝16 GB)。

5. CPU內部暫存器

指CPU內部的記憶區塊，執行速度快，可增進CPU處理效能。

名　稱	簡稱	範　例
程式計數器	PC	儲存CPU下一個要執行的指令位址。
指令暫存器	IR	儲存CPU正在執行的指令。
位址暫存器	MAR	儲存CPU要存取的資料的位址。
記憶體緩衝暫存器	MBR	儲存從記憶體中讀取或預備寫入記憶體中的資料或指令。
記憶資料暫存器	MDR	
累加暫存器	ACC	儲存ALU計算產生的中間結果。
旗標暫存器	FR	可隨時記錄CPU執行完各種運算後的狀態。

6. CPU的指令運作週期

(1) 或稱為機器週期(Machine Cycle)，擷取及解碼合稱擷取週期(Fetch cycle)，執行及儲存合稱執行週期(Execute cycle)。

(2) 指令運作順序：**擷取指令→指令解碼→執行指令→回存結果**。

7. 多核心

把N個CPU的運算核心置在原本1顆CPU的空間中，讓相同體積的CPU晶片具有接近N倍的運算能力。

8. 平行處理

CPU同時處理多個執行緒，以加快處理速度，多核心CPU可以充份發揮平行處理的效果。

9. 管線運算

將指令週期切割成多個單位，即使第一個指令尚未完成，也可開始執行下一個指令，藉以提高CPU執行的效率。

PLAY 考題

台北資訊展即將開始，海盜們也想趁著這一波大促銷，添購新的電腦。這次採購單中，造型酷炫、動態效能極佳的電競用筆記型電腦，以及大尺寸的Mac平板最受海盜們青睞。

( ) 1. 新學期新開始，魯夫到電腦賣場想買一部新的電腦。店員娜美熱心招呼，並詳細地解說各項設備的性能與差異。娜美依據魯夫所提出的需求及預算列出了以下的規格：1TB硬碟10000轉、Core i7-12700 3.2G、4GB DDR5-6200，魯夫不好意思的問了一下：「這部電腦的CPU速度到底是多少呢？」下列哪一項才是魯夫所想知道的正確解答？
(A)1TB (B)10000轉 (C)3.2GHz (D)4GB。

( ) 2. 所謂的電腦執行速率，通常都以何者為主來衡量？
(A)上網傳輸速率 (B)CPU速度 (C)電腦開機快慢 (D)記憶體存取速度。

( ) 3. 若某部電腦有64條資料匯流排線，32條位址匯流排線，其一次可以存取的資料為？
(A)64Bytes (B)64bits (C)32Bytes (D)32bits。

( ) 4. 紅髮傑克新買了一部電腦，其中CPU的規格註明其具備了64條的資料匯流排線，以及32條的位址匯流排線。由此來推算時，此部電腦最大能擴充到多少的主記憶體容量？(A)2^{64}Bytes (B)2^{32}bits (C)4GB (D)32MB。

( ) 5. 某64位元電腦的CPU為Core i7-980X 3.33G，具有32條位址線，則下列敘述何者不正確？ (A)主記憶體最大定址空間為4GB (B)電腦一次能處理64位元的資料 (C)該電腦屬於微電腦的一種 (D)3.33G是指記憶體大小。

( ) 6. 下列對電腦的描述何者不正確？
(A)有36條位址線其能決定的記憶體容量為64GB
(B)位址匯流排負責傳送CPU所要存取資料的位址
(C)標示Core i5-650 3.2G的CPU是指其內頻為3.2GHz
(D)某CPU的平均指令執行時間為10奈秒，則該CPU的速度為1000MIPS。

( ) 7. 下列何者對雙核心的敘述不正確？ (A)是中央處理單元的一種 (B)2顆CPU同時運作的技術 (C)1顆CPU具有2個運算核心 (D)具有接近2倍的運算能力。

( ) 8. 下列敘述何者正確？
(A)CPU內部暫存器中的程式計數器(PC)負責儲存CPU下一個要執行的指令位址
(B)GIPS為硬碟轉速的單位
(C)CPU的指令運作週期順序為指令解碼→擷取指令→執行指令→回存結果
(D)FSB是指CPU與周邊設備連接的速度。

APP 解答

1	C	2	B	3	B	4	C	5	D	6	D	7	B	8	A

Smart 解析

1. (A) 1TB硬碟：硬碟容量
   (B) 10000轉：硬碟轉速
   (D) 4GB DDR5-6200中：主記憶體的容量、規格及速度。
3. 一次可以存取的資料與資料匯流排線數有關。
4. 主記憶體容量與位址匯流排線數有關，2^{32} Bytes=$2^{2}\times2^{30}$ Bytes=4GB。
5. (D) 3.33G是指CPU的時脈。
6. (A) 2^{36} Bytes=$2^{6}\times2^{30}$ Bytes=64 GB
   (D) CPU的執行速度為每秒$1/(10\times10^{-9})$個指令，即100 MIPS。
8. GIPS為計算電腦系統執行速度的單位；CPU的指令運作週期順序為擷取指令→指令解碼→執行指令→回存結果；FSB是指CPU對外的運作速度。

單元 14. 雲端運算、大數據

單元名稱	單元內容	109	110	111	112	考題數	總考題數
雲端運算、大數據	雲端運算	0	0	1	2	3	9
	大數據	0	0	5	1	6	

1. 雲端運算(cloud computing)

(1) 雲端運算就是連上網後啟動應用軟體，不論是要計算、儲存等工作全在雲端完成。

(2) 採用**分散式運算架構**，將繁雜的計算任務切割成小程序，分派給雲端不同伺服器來執行，最後匯集結果回傳。

(3) 將運算資源(如：CPU、記憶體和儲存空間等)，依需求隨時調整，讓承租的用戶能依此**降低營運成本**。

(4) 雲端運算隨著硬體效能的提升，以及多元高速網路的發展，促使**人工智慧**(AI)與**物聯網**(IoT)被廣泛使用。

(5) 雲端運算平台三大巨頭：**Amazon AWS**、**Microsoft Azure**、**Google Cloud**。

2. 雲端運算的四種部署類型

(1) **公用雲**：

- **由雲端服務提供者建置與運作**，透過網路提供虛擬化伺服器、儲存體等運算資源。
- **開放大眾申請使用**，個人空間具有存取權限，他人無法任意查看。例如：Google個人雲端免費空間申請。

(2) **私用雲**：

- **由企業內部網路中建構的雲端資源**，較不受頻寬、資安及法規限制的影響。

- **由企業或組織成員專屬使用**，依照內部網路權限管控使用者存取。

(3) **混合雲**：

- 將雲端架構依據不同的任務需求分為公用雲與私有雲兩區，讓資料與應用程式可在兩者之間共通互用，兼具便利性及資安管控能力。
- 例如：機密資料放在私有雲，避免商機外洩；一般性資料則放在公用雲，以便利大眾存取使用。

3. 雲端運算的服務類型

(1) **軟體**即服務(**SaaS**)：**終端使用者**不需安裝軟體，只需連上網路登入帳號密碼，即可啟用軟體服務。通常以使用者人數計價。例如：Google文件、Classroom、Meet、Facebook。

(2) **平台**即服務(**PaaS**)：**軟體開發人員**直接在雲端應用程式開發平台上，進行程式開發與測試。通常以服務時間分級計價。例如：Google App Engine、Microsoft Azure。

(3) **基礎設施**即服務(**IaaS**)：**IT管理人員**直接在雲端配置虛擬化的伺服器、儲存裝置及作業系統等基礎設施，可節省購置設備與機房管理成本。通常以儲存空間的大小進行計價。例如：Amazon AWS、IBM Cloud。

4. 大數據(Big data)

(1) 大數據又稱**巨量資料**、**海量資料**。

(2) 大數據的4V特性：

- **資料量龐大**(Volume)：指一天內約1TB以上的數據資料。
- **資料多樣性**(Variety)：含非結構(如:文字、圖像、影音)與半結構類型數據(有欄位但資料內容不完整)等多樣式資料。
- **資料速度快**(Velocity)：網路快速發展及與行動載具普及，使得網路數據產生及處理速度飛快。
- **資料真實性**(Veracity)：要能正確辨識與過濾出有用的資訊。

(3) 大數據分析：大多採用**兩階段資料處理法**，先從**原始數據**提取出具有指標性的數字，再將指標數字進階探討。若有發現以前受限於科技而忽略的歷史資料，就稱為**灰色資料**。

(4) **資料探勘**(Data Mining)：又稱為**資料挖掘**。主要功能是從龐大的資料內容裡找尋有用且尚未被觀察出來的關聯規則性。

(5) 商業智慧(BI)：經營者可透過大數據的分析結果進行研判，協助企業精準下決策。

PLAY 考題

魯夫最近潛心專研雲端運算，因為雲端運算讓人工智慧(AI)與物聯網(IoT)被廣泛結合使用，透過私有雲的部署讓執行任務時達到良好的資訊安全控管，尤其是採用IaaS的服務類型，大大簡化了伺服器的維運問題。

( ) 1. 雲端運算常見使用"雲(Cloud)"來表示，何種詮釋最貼切？ (A)表示此技術無需使用硬體設備 (B)表示此技術需建置在空中 (C)表示使用此技術，無需了解底層架構，只需要懂得功能應用即可 (D)表示此技術絕對安全。

( ) 2. 雲端運算的資料不會儲存在下列何種設備中？
(A)雲端伺服器 (B)網路硬碟 (C)本機設備 (D)區域網路儲存設備。

( ) 3. 影音分享平台YouTube屬於何種類型的雲端服務？
(A)IaaS(Infrastructure as a Service)
(B)PaaS(Platform as a Service)
(C)SaaS(Software as a Service)
(D)CaaS(Content as a Service)

( ) 4. 下列何種雲端服務提供使用者開發應用軟體的平台？
(A)Software as a Service (SaaS)
(B)Platform as a Service (PaaS)
(C)Information as a Service (IaaS)
(D)Infrastructure as a Service (IaaS)

( ) 5. 有關社群網站Facebook屬於下列哪一項雲端服務的部署模式？ (A)公用雲(Public Cloud) (B)私有雲(Private Cloud) (C)混合雲(Hybrid Cloud) (D)社群雲(Community Cloud)。

( ) 6. 有關大數據(Big Data)的敘述，下列何者正確？ (A)具大量、高速、多變等特性 (B)皆為結構化資料，存放有規律 (C)不包含影片及電子郵件等資料 (D)不需考慮資料來源是否正當、合法。

( ) 7. 下列何者較適合依據大數據的分析結果，擬定相關執行活動？ (A)逮捕可疑人犯 (B)司法判決案例 (C)開病人處方簽 (D)擬定節慶促銷商品。

( ) 8. 大數據(Big Data)資料來源包羅萬象，最簡單就是分類為結構化與非結構化。非結構化資料從早期的文字資料類型，已擴展到網路影片、視訊、音樂、圖片等，複雜的非結構化資料類型造成儲存、探勘、分析的困難。這樣的特性指的是？
(A)Volume (B)Velocity (C)Variety (D)Value。

APP 解答

1	C	2	C	3	C	4	B	5	A	6	A	7	D	8	C

Smart 解析

3. (A) IaaS(Infrastructure as a Service)：基礎設施即服務
(B) PaaS(Platform as a Service)：平台即服務
(C) SaaS(Software as a Service)：軟體即服務
(D) CaaS(Content as a Service)：內容即服務，此項不屬於雲端服務的類別。

8. (A) Volume：資料量龐大
(B) Velocity：資料即時性
(D) Value：資料價值性

單元 15. 輔助記憶體

單元名稱	單元內容	109	110	111	112	考題數	總考題數
輔助記憶體	磁碟機	1	3	1	0	5	7
	行動媒體	0	0	1	1	2	

1. 輔助記憶體

(1) 具有永久存放資料的特性，關閉電源後資料不會消失，用來**儲存大量的程式和資料**。

(2) 價格比主記憶體便宜，速度則比主記憶體慢。

(3) 目前常用的輔助記憶體是**硬碟、光碟、隨身碟、記憶卡**等。

2. 硬碟(HD)

(1) 由數片金屬磁片組成，金屬磁片中**多個同心圓的磁軌組成磁柱**。每個磁軌上被切割為許多磁區，多個連續磁區組成一個磁叢，又稱為基本配置單元，是存取硬碟資料最基本的單位。

(2) 儲存單位大小：**磁碟＞磁柱＞磁軌＞磁叢＞磁區**。

(3) 硬碟轉速：**RPM(每分鐘旋轉的圈數)，轉速越高，效能越佳**。

(4) **磁碟存取時間**(Access Time)＝**磁軌找尋時間**(Seek Time)＋**碟片平均旋轉時間**(Rotation Time)＋**資料傳輸時間**(Transfer Time)。

3. 固態硬碟(Solid State Disk, SSD)

(1) 採用**Flash Memory**的儲存媒體，加上一顆控制晶片、並且使用傳統硬碟的**SATA**介面，模擬成硬碟機。

(2) 具有較低功耗、無噪音、抗震動、產生較低熱量的特點。

(3) 混合式硬碟(SSHD)：結合傳統硬碟(容量大)和固態硬碟(速度快)的優點。

4. 行動硬碟

外接式硬碟，採用**USB**或eSATA傳輸介面，可隨插即用，方便外出攜帶使用，容量不亞於傳統內接式硬碟。

5. 光碟容量

(1) **CD**類型：常見的為**650MB～700MB**。

(2) **DVD**類型：常見的為**4.7G(DVD-5**，單面單層)、**8.5GB(DVD-9**，單面雙層)、**17GB(DVD-18**，雙面雙層)。

(3) BD類型：常見的為**25GB(單面單層)**、**50GB(單面雙層)**，BDXL規格支援**100GB(三層)**和**128GB(四層)**。

6. 光碟機讀寫速度

光碟機上的標示註明讀寫速率的規格，以倍速表示。

(1) **CD**類：**單倍速指150KBytes/s**(即每秒150KBytes)。

(2) **DVD**類：單倍速指**1350KBytes/s**。

(3) **BD**類：單倍速指**4.5MBytes/s**。

7. 隨身碟

(1) 採用**Flash Memory**材料，**可讀可寫**，電源關閉資料不會消失。

(2) 採用**USB**介面，具隨插即用、體積小、容量大、攜帶方便等特性。

8. 記憶卡

採用**Flash Memory**記憶體，**可以重複讀出與寫入**，電源關閉後資料依然能保存。

PLAY 考題

在海賊王的論壇中，時常有人分享世界各地的寶藏傳聞！但是，身為專業的尋寶高手，需要透過科學化的數據分析與邏輯推理後才會大膽出手，所以非常仰賴大容量的資料儲存設備，例如：輕便攜帶的隨身碟、外接式固態硬碟，都是必備的設備，尤其是PS5光碟機更是魯夫最愛，除了能播放4K藍光超高畫質影片、收看串流影集外還能玩各式遊戲，讓海盜們能在漫長航程中享受到優質娛樂效果。

( ) 1. 紅髮傑克至電腦賣場買一部12X的BD光碟機，其中的12X指的是？ (A)尺寸 (B)讀取速度 (C)光碟容量 (D)光碟儲存密度。

( ) 2. 對於市面上的光碟機功能所做的說明，哪一項是不正確的？ (A)BD-ROM可以燒錄BD碟片 (B)DVD-ROM只能讀取而不能寫入資料 (C)要備份硬碟中的資料可以購買DVD-RW (D)電影BD無法使用DVD來播放。

( ) 3. 隨身碟幾乎已經成為現代人使用電腦時不可或缺的工具，香吉士最喜歡用它來儲存與做菜有關的資料，並且隨身帶著到處去，真是既方便又有效率，而且比光碟更環保。下列關於隨身碟的敘述，何者有誤？ (A)隨插即用 (B)體積小 (C)採用Flash Memory為材料 (D)與滑鼠相同，都使用PS/2介面。

( ) 4. 16倍速的DVD的讀取速度相當於幾倍速的CD-ROM？ (A)32 (B)64 (C)128 (D)144。

( ) 5. 一種採用Flash Memory的儲存器，具有高搜尋效率、低功耗、低溫、抗震動、無噪音等優勢的是下列哪一種設備？ (A)磁片 (B)SATA介面硬碟 (C)SSD固態硬碟 (D)BD光碟。

APP 解答

1	B	2	A	3	D	4	D	5	C

Smart 解析

2. (B) DVD-ROM光碟機不支援燒寫資料進入光碟
   (C) DVD-RW光碟機能兼具讀取及寫入資料的功能
   (D) DVD播放器可以向下相容光碟規格，但無法讀取較高規格的BD影片。
3. 隨身碟使用的是USB介面。
4. 1350KB×16/150KB=144。

單元 16. 作業系統

單元名稱	單元內容	109	110	111	112	考題數	總考題數
作業系統	作業系統功能	0	0	2	1	3	6
	作業系統類型	2	0	0	0	2	
	微軟作業系統	0	0	0	0	0	
	其他作業系統	0	0	0	0	0	
	其他相關知識	1	0	0	0	1	

1. 作業系統的定義

(1) **作業系統(OS)**：電腦硬體與應用軟體之間溝通的橋樑，屬於系統軟體。

(2) **核心程式(Kernel)**：開機時最先被載入記憶體內，負責軟硬體的控制以及資源的分配。

2. 作業系統功能

(1) **I/O(輸入/輸出)管理**：輸出入設備(如：磁碟機、印表機、滑鼠…等)管理。

(2) **程序管理**：目前正在CPU中執行的程式(Program)稱為程序(Process)，為了讓CPU發揮最大的效能，作業系統需合理分配各程序的執行順序以共用CPU。

(3) **記憶體管理**：主記憶體(RAM)的存取控制、分配、回收再分配。

(4) **檔案系統管理**：提供良好的檔案系統讓使用者存取檔案。

(5) **使用者管理**：多人作業系統運用群組的概念提供管理「使用者帳號」、「密碼」與「使用權限」等功能。

(6) 提供良好的使用者介面(Shell)：作業系統提供文字介面或圖形使用者介面(GUI)，方便使用者與作業系統之間的溝通。

(7) 執行軟體並提供服務：視應用軟體執行的需求，提供相關的公用服務。

3. 作業系統類型

類型	說明	常見的作業系統
單人單工	同一時間只允許一個人使用，而且只能執行一個程式	MS-DOS
單人多工	同一時間只允許一人使用，但可執行多個程式	Windows 7/8 /10、macOS、iOS、Android、Chrome OS
多人多工	同一時間允許多人使用，且能同時執行多個程式	Windows Server 系列、macOS Server、UNIX、Linux

4. 常見的作業系統

類型	常見的作業系統
微電腦作業系統	MS-DOS、Windows 7/8/10、UNIX、Linux、macOS、Chrome OS
行動作業系統	Android、iOS
網路作業系統	Windows Server系列、UNIX、Linux、macOS Server

5. Windows作業系統特色

(1) **GUI**：圖形使用者介面，具親和力讓使用者容易操作。

(2) 提供**32位元**和**64位元**的版本。

(3) **P&P**：**隨插隨用(Plug and Play)**功能，硬體插入時會自動辨識並安裝驅動程式。

(4) **DDE**：**動態資料交換**，利用「**剪貼簿**」於不同應用軟體間交換資料。

(5) **OLE**：物件連結與嵌入，若為連結方式，當物件在A軟體中被修改時，則會同步在B軟體中修改；若為嵌入方式，則不會同步修改。

6. 微軟(Microsoft)作業系統

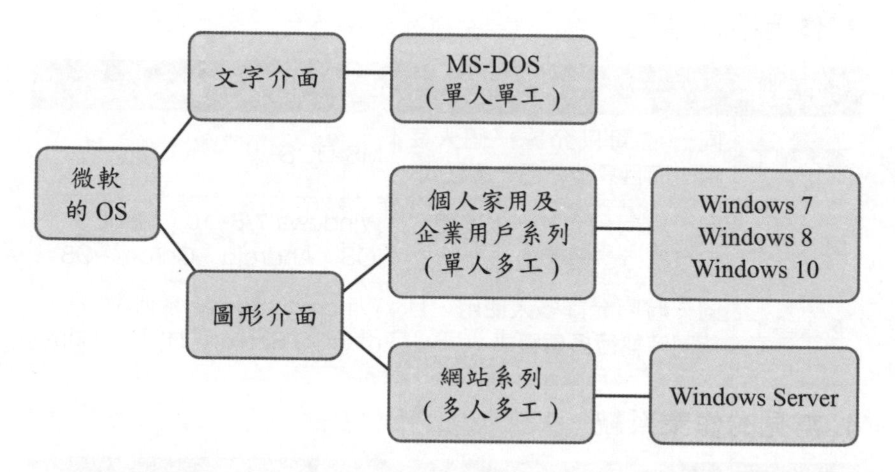

7. MS-DOS

(1) 系統檔案小，是**16位元的純文字介面**作業系統。

(2) 命令提示字元：在Windows系統中，仍保有DOS模式，可由『開始／所有程式／附屬應用程式』功能表中切換至『命令提示字元』視窗，可直接在文字視窗中鍵入命令。

8. 其他作業系統

(1) UNIX與Linux

- 多人多工作業系統。
- 使用者操作介面：文字模式及GUI(X-Window)。
- 兩者皆是用**C語言**所寫成，**可跨不同的平台**上使用，適用於**各型式的電腦**。
- 系統穩定性高且提供完整網路服務，常作為**網路作業系統**。

- UNIX由美國貝爾(Bell)實驗室所開發，Linux是UNIX的相容作業系統，由芬蘭赫爾辛基大學所開發。
- **Linux**具有UNIX的優點，而且屬於**自由軟體**，採用**GPL**授權方式，**開放原始碼**(開放源碼，Open Source)可以**免費使用及修改**。

(2) macOS(Mac OS)

- **單人多工**作業系統，有32及64位元的版本，2016年起更名為macOS。
- 使用者操作介面：GUI。
- Apple公司為**麥金塔(Macintosh)**系列個人電腦所開發。
- **影像及音樂處理**表現出色，廣泛應用於出版及音樂專業領域。

(3) Chrome OS

- 由Google公司基於網路的雲端運算概念所推出**適用於桌上型、筆記型等微電腦**的作業系統。
- 強調快速、簡單、安全，像是一個功能加強版的瀏覽器。
- 以Linux為基礎，採**開放原始碼**的形式發佈。
- 除了安裝系統的少量空間外，所有的軟體服務都可以透過網路來完成，用戶端的電腦不需要安裝其他的軟體。

9. 其他相關知識

(1) iOS

- Apple公司為**iPhone**開發的作業系統，早期稱為iPhone OS。
- 提供給**iPhone**、**iPod touch**及**iPad**等Apple系列產品使用。
- 可藉由**App Store**下載App應用程式。

(2) Android

- Google開發應用於手機、平板電腦等行動裝置的作業系統。
- 基於Linux作業系統所開發，屬於開放式的平台。
- 可藉由**Google Play**下載App應用程式。

(3) **網路作業系統**：用來管理整個網路的軟硬體資源，採集中式管理，為多人多工的作業系統。如：Windows Server系列、UNIX、Linux等。

(4) 同一電腦(硬碟)中可以同時安裝多個作業系統，但同一時間只能選用一種作業系統。

(5) 一個新硬碟的使用流程：

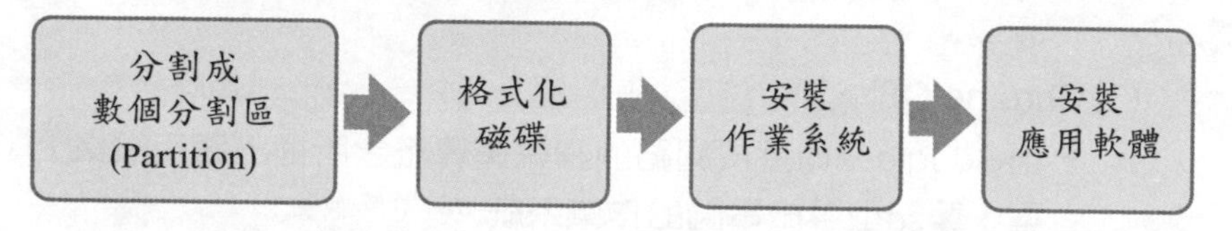

PLAY 考題

艾斯上網時隨手下載正在廣告的遊戲，安裝後卻出現全黑畫面，檢修時工程師說可以還原OS試試看，艾斯這才發現自己的作業系統沒有還原檔，若要重灌該選哪套作業系統好呢？

( ) 1. 下列有關作業系統的敘述，何者錯誤？ (A)分配不同程式使用電腦資源 (B)提供使用者操作介面 (C)監控程式執行過程 (D)自動檢測並修復存取網路時的各種錯誤。

( ) 2. 下列何者屬於作業系統提供的功能？ (A)設定使用光碟開機 (B)設定不同使用者的帳號及權限 (C)文書處理和影音編輯 (D)防毒、防駭及掃毒。

( ) 3. Linux是屬於哪一種類型的作業系統？
(A)多人多工 (B)單人單工 (C)單人多工 (D)多人單工。

( ) 4. 下列名詞解釋，何者是不正確的？ (A)GUI：圖形使用者介面 (B)P&P：隨插即用 (C)DDE：動態資料交換 (D)OLE：修正程式碼。

( ) 5. 海賊王網站可在同一時間提供多個使用者瀏覽網頁，該部伺服器內應安裝何種作業系統會比較合適？
(A)Windows 10 (B)macOS (C)Symbian (D)UNIX。

( ) 6. 具有原始碼公開、免費且可以合法下載使用的是下列哪一種電腦作業系統？
(A)Linux (B)iOS (C)macOS (D)Windows 10。

( ) 7. 有關作業系統的敘述，何者是正確的？ (A)Android作業系統可安裝於iPhone中 (B)Windows Server 系列只能安裝在網路伺服器中 (C)同一電腦硬碟中可以同時安裝Windows及Linux作業系統 (D)Linux以Visual Basic語言寫成，可跨不同平台使用。

( ) 8. 海上廚師香吉士最近購置智慧型手機，他將自己獨創的航海料理利用FB分享給大家，試問下列哪一種作業系統適合用來安裝於智慧型手機中？ (A)Chrome OS (B)Android (C)Windows 10 (D)UNIX。

( ) 9. 有關作業系統的描述，何者較為適當？
(A)防毒是主要的功能之一
(B)Microsoft Word是作業系統的一種
(C)從網路上能輕易地找到Windows和Linux的程式碼
(D)Linux可與智慧型手機搭配使用。

( ) 10. ① 安裝中打CAI軟體 ② 分割成C磁碟與D磁碟 ③ 格式化磁碟 ④ 安裝Windows，通常我們對於一顆新硬碟的使用流程為？ (A)① ② ③ ④ (B)② ③ ④ ① (C)① ④ ③ ② (D)② ④ ③ ①。

APP 解答

1	D	2	B	3	A	4	D	5	D	6	A	7	C	8	B	9	D	10	B

Smart 解析

1.(D) 作業系統無法自動修復存取網路時所發生的錯誤。

2.(A) 使用光碟開機需由BIOS設定。

4.(D) OLE：物件連結與嵌入。

7.(B) Windows Server 系列可安裝在網路伺服器(Server)和個人電腦(PC)中。

(D) Linux以C語言寫成，可跨不同平台使用。

9.(A) 防毒不是作業系統主要的功能。

(B) Microsoft Word是應用軟體的一種。

(C) 從網路上可以找到Linux的程式碼，而Windows的程式碼則否。

單元 17. 常用軟體的分類

單元名稱	單元內容	109	110	111	112	考題數	總考題數
常用軟體的分類	軟體分類	1	0	0	0	1	6
	常用應用軟體	1	2	0	2	5	

1. 軟體分類

(1) 系統軟體：負責維護與管理硬體，維持電腦系統正常運作，使電腦發揮最大效能的軟體。

- **作業系統(OS)**：硬體和應用軟體間溝通的橋樑，如：**Windows**。
- 語言處理程式：將開發的程式翻譯成可執行的檔案，如：Visual Basic。
- 公用服務程式：開發軟體過程的輔助工具程式，如：磁碟重組。

(2) 應用軟體：針對各種問題及工作所開發的軟體。

- **套裝軟體**：依照一般需求設計，功能齊全且價格較便宜，但較無彈性，如：**MS Office**。
- **自行設計軟體**：針對特定用途設計，解決個別化的問題，但價格較貴，如：會計資訊系統。

2. 常用應用軟體的分類

辦公室類	① 文書處理：Word、Writer、Pages、Wordpad、記事本 ② 試算表：Excel、Calc、Numbers ③ 簡報：PowerPoint、Impress、Keynote ④ 資料庫管理：Access、OpenOffice Base、Oracle、MS SQL Server、MySQL ⑤ 辦公室文件：MS Office、OpenOffice.org、Apple iWork、Google雲端協作工具 ⑥ **PDF閱讀**：Adobe Acrobat ⑦ 電腦輔助設計(CAD)：AutoCAD
多媒體類	① 影像處理：小畫家、PhotoImpact、PhotoShop、PhotoCap、GIMP、Apple照片 ② 繪圖：CorelDraw、Illustrator、Inkscape、Painter ③ 動畫製作：**Synfig Studio**、**OpenToon**、3ds Max、MAYA、Ulead GIF Animator ④ 影音剪輯：VideoStudio(會聲會影)、PowerDirector(威力導演)、Windows相片、iMove、Adobe Premiere Pro、OpenShot ⑤ 影音播放：Windows Media Player、PotPlayer、ALL Player、5K Player、iTunes、KMPlayer、QuickTime Player ⑥ 影片特效：Adobe After Effects、Apple Motion
網際網路類	① 網頁瀏覽：Microsoft Edge、Internet Explorer(IE)、Firefox、Google Chrome、Safari、Opera ② 網頁設計及網站管理：Dreamweaver、BlueGriffon、RapidWeaver、Google Web Designer ③ 檔案傳輸：Cute-ftp、FileZilla、Foxy、Bittorrent、Send Anywhere、AirDroid、**AirDrop** ④ 電子郵件：Outlook、Outlook Express、Open WebMail、Mail2000 ⑤ 即時通訊：Skype、Line、WhatsApp、WeChat、Facebook Messenger、Google Meet
系統工具	① 防毒：PC-cillin、Avira(小紅傘)、Kaspersky(卡巴斯基)、Norton AntiVirus(賽門鐵克)、Avast!、NOD32、F-secure ② 壓縮：WinZip、WinRAR、7-Zip ③ 燒錄：Nero Burning ROM、CDBurnerXP ④ 系統備份：Norton Ghost、Acronis True Image

PLAY 考題

自從喬巴成立了海賊王論壇，以及魯夫擔任海賊王Facebook 粉絲專頁小編後，海盜們為了與世界接軌，早已積極學習使用各式應用軟體，舉凡文書編輯、影像處理、動畫製作、網頁設計、通訊軟體...等軟體都難不倒他們了。

(　) 1. 下列軟體 ①Linux ②Word ③IE ④UNIX ⑤iOS ⑥PhotoImpact ⑦Windows ⑧鐵路訂票系統 ⑨選課系統，屬於系統軟體的有多少個？ (A)2 (B)4 (C)7 (D)10。

(　) 2. Windows作業系統提供的「記事本」是屬於哪一方面的應用軟體？
(A)多媒體 (B)影像處理 (C)文書處理 (D)即時通訊。

(　) 3. 下列有關應用軟體的敘述何者正確？ (A)PhotoImpact是音樂編輯軟體 (B)OpenToonh是動畫製作軟體 (C)Windows Media Player是繪圖軟體 (D)PowerDirector是即時通訊軟體。

(　) 4. 下列哪一套應用軟體不是試算表軟體？
(A)Keynote (B)Excel (C)Numbers (D)Calc。

(　) 5. 下列哪一個應用程式具有網頁製作及網站管理的功能？ (A)PhotoImpact (B)Outlook (C)Dreamweaver (D)7-Zip。

(　) 6. 領航員娜美的夢想是繪畫全世界的航海地圖，除了手繪外，他也利用電腦中的應用軟體來繪圖以及影像處理，試問下列何者不是娜美會使用到的應用軟體？ (A)CorelDraw (B)PhotoImpact (C)PhotoShop (D)Excel。

(　) 7. 下列有關工具應用軟體的敘述何者不正確？ (A)Norton AntiVirus是系統備份工具 (B)WinRAR是壓縮軟體 (C)PC-cillin是防毒軟體 (D)Nero是燒錄軟體。

(　) 8. 下列有關網際網路應用軟體的敘述何者正確？
(A)FileZilla是電子郵件軟體　(B)Skype是網頁瀏覽軟體　(C)Cute-ftp是檔案傳輸軟體　(D)Dreamweaver是即時通軟體。

(　) 9. 海盜獵人索隆想成為世界第一的大劍客，他常常上網與網友交流劍術及討論世界名刀，試問下列何者不是索隆可以用來瀏覽網頁的軟體？　(A)Safari　(B)Windows Media Player　(C)FireFox　(D)Chrome。

(　) 10. 下列何者不是即時通訊軟體？　(A)Facebook Messenger　(B)Line　(C)RealPlayer　(D)Skype。

APP 解答

1	B	2	C	3	B	4	A	5	C	6	D	7	A	8	C	9	B	10	C

Smart 解析

3.(A) PhotoImpact：繪圖及影像處理影軟體。
(C) Windows Media Player：影音播放軟體。
(D) PowerDirector：影音剪輯軟體。

6.(D) Excel：試算表軟體。

7.(A) Norton AntiVirus：防毒軟體。

8.(A) FileZilla：檔案傳輸軟體。
(B) Skype：即時通訊軟體。
(D) Dreamweaver：網頁設計及網站管理軟體。

單元 18. 周邊設備

單元名稱	單元內容	109	110	111	112	考題數	總考題數
周邊設備	常見的周邊設備	2	1	0	0	3	6
	數據機	1	0	0	0	1	
	印表機	0	0	0	0	0	
	掃描器、UPS	0	0	0	0	0	
	螢幕、螢幕解析度	1	0	1	0	2	

1. 常見的周邊設備

類　別	功　能	實　　例
輸入設備	將外部資料讀進電腦	鍵盤、滑鼠、搖桿、麥克風、DVD-ROM、BD-ROM、數位繪圖板、掃描器、條碼閱讀機、語音辨識系統、手寫輸入系統、OCR(光學字體閱讀機)、讀卡機、Webcam
輸出設備	將電腦內部資料寫出(顯示或儲存)	螢幕、印表機、喇叭、繪圖機
輸入兼輸出設備	兼具輸入及輸出設備的特性	觸控式螢幕、數據機、磁碟機、光碟燒錄機、記憶卡、多功能事務機、耳麥

2. 媒體⇔設備⇔電腦

(1) 媒體：存放資料的介質，如商品上所貼的條碼是輸入媒體。

(2) 設備：連接於電腦的機器裝置，如條碼閱讀機是輸入設備。

3. 數據機(MODEM)

(1) 將電腦的數位訊號與電話線的類比訊號互相轉換，具調變及解調變的功能。傳輸速率以bps(每秒傳送的位元數)為單位。

(2) 目前常用的數據機：

類型	ADSL數據機	Cable數據機
用途	寬頻網路	寬頻網路
傳輸媒介	雙絞線(電話網路)	同軸電纜(有線電視網路)
傳輸速率	下載>上傳，離機房越遠速率越慢。	同一條線路使用者越多速率越慢。

4. 印表機

類型	點矩陣印表機	噴墨印表機	雷射印表機
列印方式	撞擊式	非撞擊式	非撞擊式
使用耗材	色帶	墨水匣	碳粉
主要用途	列印多聯式複寫紙張	一般個人電腦使用者	列印數量大、高品質要求的資料
列印速度	每秒列印字數(CPS)	**每分鐘列印張數(PPM)**	每分鐘列印張數(PPM)
列印品質	雷射>噴墨>點矩陣。以每吋可列印點數(**DPI**)為單位，值越大則解析度越高，列印品質也越好。		

3D印表機：印表機接收到電腦所建構的數位三維模型檔案後，解讀逐層的截面，再用液體狀、粉狀或片狀的塑料或金屬材料逐層列印，可列印出3D立體形狀的物品。

5. 掃描器

利用感光元件將圖片掃描成數位影像，品質以DPI(每吋的點數)為單位。

6. 不斷電系統(UPS)

功能類似蓄電池，可在**電力中斷時繼續提供電力**，防止因電源突然中斷來不及儲存資料。

7. 數位相機(DC)

(1) 具備類比轉數位(ADC)的功能，利用感光元件將光信號轉換成電信號，將影像紀錄在**記憶卡**上，以pixel(像素或畫素)為單位。

(2) 記憶卡採用**Flash ROM**記憶體，電源關閉後相片不會消失，可以重複使用。

8. 螢幕

(1) 又稱顯示器，經由顯示卡與主機連接。

(2) **螢幕尺寸指的是對角線的長度**。通常可由亮度、反應時間、對比值等項目來評估螢幕的好壞。

(3) 目前常見的顯示器種類：**LED**(背光顯示器)、**OLED**(有機發光二極體顯示器，可自發光、更省電、面板可彎曲)、**LCD**(液晶顯示器)、**CRT**(陰極射線管)。

9. 螢幕的介面

(1) **MHL**(行動高畫質連結技術)連接埠：使用micro-USB將行動裝置的影音訊號連接至電視播放，同時可替連接的裝置充電。

(2) 常見的螢幕連接埠：

類型	D-Sub	DVI	HDMI	Displayport	Thunderbolt
接頭					Thunderbolt 1&2 Thunderbolt 3(Type-C)
訊號	類比	數位	數位	數位	數位
傳輸內容	視訊	視訊	視訊＋音訊	視訊＋音訊	視訊＋音訊
可連接設備	1	1	1	多	多

10. 觸控螢幕

輸出兼輸入的周邊設備，可以用手指和觸控筆等來替代如鍵盤、滑鼠、數位板等傳統的輸入裝置。

11. 螢幕解析度

(1) 常用的解析度有1024×768、1280×1024、1920×1080等，**需由軟體設定，無法由BIOS設定**。

(2) 同一個螢幕設定的**解析度越高，可以顯示的項目及佔用的系統資源也會越多**。

計算：**不同的螢幕解析度所佔用空間的計算**

例1 一個1280×1024像素的全彩影像，所佔的記憶空間大約為多少MB？

(A)0.5　(B)3.8　(C)2.6　(D)5.4。　**ANS：(B)**

解 **全彩是每點佔24bits=3Bytes**。

一張影像的記憶體空間=總點數×每點所佔的空間

＝1280×1024×24 bits＝1280×1024×(24/8) Bytes

＝3.75 MBytes　∴需3.8MB的記憶體空間

例2 若一片裝有3 MBytes螢幕記憶體的顯示卡，被調成全彩(24 bits/pixel)，則該顯示卡能支援的最高解析度為下列哪一項？

(A)640×480　(B)800×600
(C)1024×768　(D)1280×1024。　ANS：(C)

解 全彩：每一個點佔24bits(即3Bytes)。

3MBytes＝解析度×3Bytes

解析度＝3MBytes/3Bytes

$=(3\times2^{10}\times2^{10})/3=1024\times1024=1048576$點

(A)640×480＝307200點　(B)800×600＝480000點

(C)1024×768＝786432點　(D)1280×1024＝1310720點

PLAY 考題

騙人布最近迷上了收集各式各樣的硬體周邊設備，尤其年代越久他越喜歡，不過龐大的容量與重量拖垮了船艦的行進速度。還好喬巴提出一個好點子，將這些收藏品全部經過360 度環繞攝影，數位化後存放至雲端空間，需要時再從雲端點選查看，這項改善計畫的成果讓騙人布感到非常滿意。

(　) 1. 騙人布從他的百寶袋中掏出了好多種在電腦方面所會使用到的道具，例如：光碟、印表機、喇叭、鍵盤、耳機、滑鼠、掃描器、多功能事務機、隨身碟。他問魯夫說：「魯夫，你能告訴我，這裡究竟有幾種是可以用來把資料輸入給電腦來處理的呢？」 (A)10　(B)8　(C)6　(D)3。

(　) 2. 下列何者為常見的輸出設備？
(A)掃描器　(B)印表機　(C)滑鼠　(D)鍵盤。

(　) 3. 使用健保卡至醫院掛號，醫院使用讀卡機讀取健保卡上的資料，則健保卡在此方面之資料處理作業中係屬於？ (A)輸入媒體　(B)輸入設備　(C)輸出媒體　(D)輸出設備。

(　) 4. 下列的敘述何者有誤？　(A)HDMI可用來連接螢幕　(B)USB是不斷電系統　(C)DVI能夠直接傳送數位訊號　(D)螢幕解析度無法直接由BIOS設定。

(　) 5. 有關數據機的敘述，下列哪一項是錯誤的？　(A)ADSL數據機使用雙絞線為傳輸媒介　(B)Cable數據機適用於寬頻網路　(C)使用ADSL數據機上網下載或上傳圖片的速率一定都會相同　(D)數據機的功能是做數位訊號與類比訊號的轉換。

(　) 6. 學校要列印所有同學的成績單，因為數量龐大，使用哪一種印表機比較合適？　(A)點矩陣印表機　(B)噴墨印表機　(C)雷射印表機　(D)3D印表機。

(　) 7. 下列何種單位與印表機的列印品質和列印速度無關？ (A)BPS　(B)DPI　(C)PPM　(D)CPS。

(　) 8. 下列何種設備不能兼具輸入和輸出的功能？　(A)DVD-RW　(B)BD-ROM　(C)MODEM　(D)Flash ROM。

(　) 9. 娜美想和喬巴到埃及去探訪古代的金字塔文明，為了留下美好的回憶，娜美拉著喬巴到台北資訊展選購一部最新的數位相機。喬巴開玩笑的問了娜美：「以下四點有關數位相機的說明，有哪一項是錯誤的？」　(A)以DPI為解析度單位　(B)以Flash ROM為記憶材質　(C)像素愈高相片愈細緻　(D)相機電源關閉後相片不會消失。

(　) 10. 瀏覽網頁時若建議使用解析度為1024×768來顯示全彩(24 bits/pixel)，則螢幕顯示卡的記憶體至少需要多少才能支援？　(A)1MB　(B)2MB　(C)3MB　(D)4MB。

(　) 11. 下列哪一個不是螢幕連接埠的圖示？

(A)　(B)　(C)　(D)。

APP 解答

1	C	2	B	3	A	4	B	5	C	6	C	7	A	8	B	9	A	10	C
11	C																		

Smart 解析

1. 具備輸入功能的有：光碟、鍵盤、滑鼠、掃描器、多功能事務機、隨身碟6種。

7. BPS(Bits Per Second)：資料傳輸速度。

9. 數位相機是以像素(Pixel)為解析度單位。

10. 1024×768×(24/8)=1024×768×3 Bytes=2.25 MB。

11. 為RJ-45接孔圖示。

單元 19. 網際網路位址表示法

單元名稱	單元內容	109	110	111	112	考題數	總考題數
網際網路位址表示法	IP位址表示法	2	0	1	2	5	6
	網域名稱	0	1	0	0	1	

1. IP位址

連接上網際網路的電腦都有**唯一的IP位址**，在連線期間**不可與其它電腦的IP重覆**，用來辨識網際網路上封包的來源或傳遞的位址。

2. IP位址的組成

(1) 目前所使用的IP為第四版，一般稱為**IPv4**。

(2) 一個IP位址是由**4組數字**組成，**每一組數字用8位元**表示，共可表示28＝256個數值，**每組數字範圍0～255**。例如：140.120.1.6，而140.265.1.6則為不正確的IP位址。

3. IP的等級

為了使IP位址能有效運用，管理機構將IP位址由大到小**區分為「A,B,C,D,E」5個等級**(Class)。

等級	開頭的數字	使用範圍	每組網域的 IP 數量
Class A	**0**xxxxxxx	**1**.x.x.x～**126**.x.x.x	$2^8 \times 2^8 \times 2^8 = 2^{24}$
Class B	**10**xxxxxx	**128**.n.x.x～**191**.n.x.x	$2^8 \times 2^8 = 2^{16}$
Class C	**110**xxxxx	**192**.n.n.x～**223**.n.n.x	$2^8 = 256$
Class D	**1110**xxxx	224.- ～239.-	
Class E	**1111**xxxx	240.- ～255.-	

註：① n表示使用單位不可更改；x代表使用單位可以自行運用(即0～255)。
② A、B、C三個等級都有一部分的位址移作私人IP的用途。

4. 私人IP位址

(1) 提供給區域網路使用的**虛擬IP位址**，這些IP位址**無法真正在Internet上使用**。

(2) 不同的區域網路可使用相同的私人IP位址，可達到**節省IP位址**的目的。

等　級	範　　圍
Class A	10.0.0.0～10.255.255.255
Class B	172.16.0.0～172.31.255.255
Class C	**192.168**.0.0～192.168.255.255

5. 動態IP位址

指同一電腦每次重新連上網路時，被分配到的IP位址可能不一樣。

6. 網路卡實體位址

(1) 每一片網路卡都有獨一無二的識別號碼，稱為**MAC Address**(網路卡實體位址)。

(2) 由**6組數字**組成，**每組數字佔1Byte**，數字範圍**00～FF**(通常以16進位表示)。每兩個數字中間由"："或"–"間隔，如：6A-5C-25-B7-C5-7E。

7. 特別網域

(1) 127.0.0.0：主要用來作為網路檢測之用，其中127.0.0.1代表**本機回應的位址**。藉由**ping 127.0.0.1**指令來確定自己電腦的TCP/IP環境設定是否正常。

(2) 網域位址：將IP位址中所有可自行運用的主機位元**皆設為"0"，用來表示IP位址所指的整個網域**。如：140.112.0.0代表了包含如：140.112.8.116、140.112.6.5等所有的140.112.x.x這整個網路。

(3) 廣播位址：將IP位址中所有可自行運用的主機位元**皆設為"1"，可將封包傳送給所屬網域中的所有設備**。如：目的IP位址為140.112.255.255時，140.112.x.x整個網路內的所有設備都會接收到相同的封包。

8. 子網路遮罩(subnet mask)

用來分辨兩個IP位址**是否屬於同一子網路**環境，若屬於同一子網路的封包可直接傳送，效率較佳；如果不是則交給路由器(Router)傳送，效率較差。

等　級	子網路遮罩
Class A	**255**.0.0.0
Class B	**255.255**.0.0
Class C	**255.255.255**.0

9. IP位址種類整理表

等級	真實 IP	私人 IP	子網路遮罩
Class A	1.x.x.x~126.x.x.x	10.0.0.0~10.255.255.255	255.0.0.0
Class B	128.n.x.x~191.n.x.x	172.16.0.0~172.31.255.255	255.255.0.0
Class C	192.n.n.x~223.n.n.x	192.168.0.0~192.168.255.255	255.255.255.0
註：127.0.0.1代表本機回應的位址。			

10. IPv4與IPv6

(1) 上述的IP表示法為**IPv4**標準，目前已不敷使用。

(2) **IPv6**以**128位元**表示IP位址，**一個IPv6位址由8組數字組成，每一組數字用2 Bytes(16位元)**表示，以冒號"："隔開，每組以4位元16進制方式表示，每組數字範圍為0000～FFFF。
例如：2001:0db8:85a3:08d3:1319:8a2e:0370:7344。

(3) IPv6足以讓更多物件分配到IP位址，形成**物聯網**(**IoT**, Internet of Things)。

11. 網域名稱(Domain Name)

(1) **網域名稱伺服器**(DNS)：**轉換IP位址及網域名稱**的主機。

(2) **一個IP**位址可以**對應多個網域名稱**，而**一個網域名稱**只能對**應唯一的IP**位址。

(3) 網域名稱採**樹狀結構**管理，由數個屬性碼中間以「.」隔開所組成。最末碼通常代表地域名稱，如：tw(台灣)、jp(日本)等。

屬性碼	意　義	英文意義
com	商業機構	commercial
edu	教育機構	education
gov	政府機構	government
mil	軍事機構	Military
net	網路機構	network
org	財團法人等非官方機構	organization
idv	個人	individual

(4) **台灣網路資訊中心(TWNIC)**為台灣地區網域名稱的管理單位，負責**IP位址的分配**與管理工作及中、英文網域名稱的申請服務。

(5) **ICANN**(網際網路名稱與數字地址分配機構)：**美國**加利福尼亞的非營利社團，**負責管理域名稱和IP位址的分配**。已開放中文網域名稱申請，例如：「www.總統府.台灣」的網址。

12. Internet工具程式

工具程式	說明
Telnet	讓使用者由從本地端電腦機器登錄到遠端的主機，在遠端主機上執行軟體。
Ping	偵測TCP/IP網路上某主機的連線狀況(某一IP是否正常工作)。
Ipconfig	Windows作業系統用來顯示目前網路連線的設定，如：IP位址，也可用來釋放取得的IP位址或重新獲取IP位址的分配。

PLAY 考題

海賊王社區建置有光纖到府的高速網路環境，由魯夫擔任社區網路管理工程師，負責監督施工以及網路設備的維護管理。社區光纖一完工，香吉士就迫不及待想要將他的獨門美味蟹堡透過網路行銷到全世界，重金禮聘騙人布架設具有獨立IP的美食網站專用伺服器，並申請了《美味蟹堡》的中文網域名稱。

( ) 1. 魯夫要在Google Chome瀏覽器輸入下列哪一個IP位址，才有可能正確看到香吉士的美味蟹堡官方網站？ (A)140.128.3 (B)140.12.1.6.3 (C)258.24.38.166 (D)168.95.7.21。

( ) 2. 下列有關IP位址的敘述，何者正確？ (A)不同的裝置可以同時使用相同的IP位址連接到網際網路 (B)動態IP位址可以由使用者自定 (C)IP位址的子網路遮罩必須為8個位元 (D)一個網域名稱(domain name)只會對應到一個IP位址，反之則不一定。

( ) 3. 何者是屬於Class C網路的IP？ (A)120.80.40.20 (B)128.92.1.50 (C)192.83.166.5 (D)258.128.33.24。

( ) 4. 哪一個位址只能在內部流通，無法在Internet存取？ (A)192.168.1.1 (B)100.100.100.100 (C)203.70.5.10 (D)192.168.256.5。

( ) 5. 下列哪一個IP位址代表本機回應的位址？ (A)1.1.1.1 (B)127.0.0.1 (C)255.255.255.0 (D)255.255.255.255。

( ) 6. 魯夫說海賊王社區的所有電腦都已經規劃在相同的子網域中，這樣互傳資料就可以比較快速。索隆所用的電腦IP位址是168.95.192.1，那麼海賊王社區的子網路遮罩(subnet mask)應該如何設定才行？ (A)127.0.0.1 (B)168.95.255.255 (C)1.1.1.1 (D)255.255.0.0。

( ) 7. IPv4位址總長度是多少位元(bit)？
(A)32 (B)64 (C)128 (D)256。

( ) 8. 下列有關網路卡實體位址的敘述，何者有誤？ (A)是獨一無二的一組號碼 (B)英文名稱為MAC address (C)每一片網路卡都有 (D)由4組數字組成。

( ) 9. 有關網域名稱的敘述，何者錯誤？ (A)轉換IP位址及網域名稱的是網域名稱伺服器(DNS) (B)www.yodo.idv可以設定對應到211.78.218.68和211.78.218.70兩個IP位址 (C)網域名稱採用樹狀結構管理，edu為教育機構 (D)TWNIC為台灣網域名稱管理單位。

( ) 10. 在Windows中，下列哪一個不是Internet的工具指令？
(A)ipconfig (B)ping (C)Vlog (D)telnet。

APP 解答

1	D	2	D	3	C	4	A	5	B	6	D	7	A	8	D	9	B	10	C

Smart 解析

2.(A) 連接在網際網路上的IP位址不可以重覆
(C) IP位址的子網路遮罩為32個位元。

10.(C) Vlog：影音部落格，可提供個人影音日誌上傳分享。

單元 20 Windows 7/8/10 操作

單元名稱	單元內容	109	110	111	112	考題數	總考題數
Windows 7/8/10 操作	檔案總管	1	1	0	0	2	6
	副檔名	0	0	0	0	0	
	電腦的狀態	1	1	0	0	2	
	桌面元件	0	0	0	0	0	
	桌面設定	0	0	0	0	0	
	控制台與系統工具	0	0	0	0	0	
	磁碟檔案系統	0	1	0	1	2	
	快速鍵	0	0	0	0	0	

1. 檔案總管

(1) 檔案結構為**樹狀結構**。

(2) **資料夾選項**：可設定**顯示副檔名**、顯示所有檔案、顯示隱藏檔、顯示系統資料夾等。

(3) 在檔案上按右鍵，選取『**內容**』可設定如唯讀或隱藏的檔案屬性，顯示建立、修改及存取的日期。

(4) 檢視模式：

模式	說　明	範　例
圖示	由左而右顯示圖片及檔名。	菊花.jpg　沙漠.jpg
清單	由上而下顯示圖示及檔名。	菊花.jpg 沙漠.jpg

模式	說　明	範　例
詳細資料	詳細列出檔名、大小、類型及修改日期等。	名稱 修改日期 類型 大小 920301.gif 2011/1/4 上午... GIF 影像 6 KB 920301.tab 2011/1/4 上午... TAB 檔案 1 KB 920301.txt 2011/1/4 上午... 文字文件 3 KB
並排	以並排方式顯示圖示及檔名。	920301.gif GIF 影像 5.98 KB 920301.tab TAB 檔案 908 個位元組 920301.txt 文字文件 2.73 KB 920301M.doc Microsoft Word 97 - 2003 文件 40.0 KB
內容	顯示檔案的部份資訊，例如：作者姓名、影片檔的時間長度等。	野生生物.wmv 時間長度: 00:00:30 修改日期: 2009/7/14 下午 12:52 大小: 25.0 MB

(5) 檔案及資料夾命名規則

- Windows支援**長檔名**及**中文檔名**，長度不可超過255字元。
- 不可包含「*****」、「**?**」、「**/**」、「****」、「**<**」、「**>**」、「**:**」、「**"**」、「**|**」9個字元。
- 在同一資料夾中的檔案或資料夾不可同名。

(6) 檔案或資料夾的選取

- **連續選取**：按住 Shift 鍵不放，先選取第一個檔案或資料夾，再選取最後一個。
- **不連續選取**：按住 Ctrl 鍵不放，一一選取檔案或資料夾。
- **全部選取**：按 Ctrl + A 鍵或選取『編輯／全選』。

(7) 檔案與資料夾的處理：

名稱	快速鍵	說　明
剪下	**Ctrl+X**	將選定的檔案拷貝至剪貼簿中，並將原檔案刪除。
複製	**Ctrl+C**	將選定的檔案拷貝至剪貼簿中，並將原檔案保留。
貼上	**Ctrl+V**	將剪貼簿的內容拷貝至所選取的資料夾或磁碟。

- **同一磁碟**：以滑鼠直接拖曳為**移動**；先按 Ctrl 鍵不放再拖曳則為複製。
- **不同磁碟**：以滑鼠直接拖曳為**複製**；先按 Shift 鍵不放再拖曳則為移動。

(8) 檔案搜尋

- 在Windows中搜尋檔案或資料夾，可以在「搜尋欄」中輸入關鍵字來搜尋，可以設定**檔案名稱**、**檔案類型**、**檔案大小**、**修改日期**等搜尋條件。
- 搜尋的特殊符號：「*」代表**萬用字元**(多個字元)、「**?**」代表**任一個字元**、「**OR**」(**或**，用於搜尋多個關鍵字時)。

  範例：

  ???.*：主檔名長度為3個字元。

  *.jpg：所有副檔名為jpg的檔案。

  A*B.*：主檔名第一個字元為A，最後字元為B。

  ?A??.*：主檔名第二個字元為A，且長度為4個字元。

  *.jpg OR *.gif：搜尋副檔名為.jpg或.gif的檔案。

(9) 絕對路徑與相對路徑：

- **絕對路徑**：包含**完整的路徑**，包括磁碟機、資料夾、子資料夾和檔案名稱。
- **相對路徑**：相對於現在目錄的路徑。
- 「**.**」代表目前的資料夾，「..」代表上一層資料夾。

名稱	快速鍵	說　明
絕對路徑	C:\images\pic\p01.jpg	C磁碟\images\pic資料夾中的p01.jpg檔案
相對路徑	pic\p01.jpg	目前資料夾中的pic資料夾內的p01.jpg檔案
	.\p01.jpg	目前資料夾中的p01.jpg檔案
	..\p01.jpg	上一層資料夾中的p01.jpg檔

2. 常見副檔名

副檔名	說　明
exe、com、bat	可執行的檔案 bat：批次檔，內含命令的文字檔
sys、dll、ini、vxd	Windows的系統檔
ttf	字型檔，**Windows TrueType**字型
txt、odt	文字檔
pdf	Adobe文件檔案，常用於網路文件傳輸
doc、xls、ppt、mdb docx、xlsx、pptx、accdb	doc、docx：Word文件檔 xls、xlsx：Excel活頁簿檔 ppt、pptx：PowerPoint簡報檔 mdb、accdb：Access資料庫檔
bmp、tif、gif、jpg、png、wmf	圖形檔，其中bmp為小畫家預設的副檔名，wmf為向量圖檔，**gif**、**jpg**、**png**可用於網頁檔中
wav、wma、mid、mp3、au、cda、ra	聲音檔，wav為錄音程式預設的副檔名，cda是CD音樂檔，mid是電子合成樂檔
avi、mpeg、mov、wmv、rm、ram、mp4、rmvb、asf、DivX、vob	影片檔
htm、html、asp、aspx、php	網頁檔
zip、rar、7z	壓縮檔，使用非破壞性壓縮

3. 電腦的狀態

(1) 開機：開機出現錯誤訊息DISK BOOT FAILURE或Non-System disk or disk error時，代表開機磁碟有問題以致不能開機。

(2) 睡眠：適用於短暫時間不用電腦時，將工作中的資料存放在主記憶體中，按滑鼠或任意鍵可回到原來的狀態。

(3) **休眠**：適用於較長時間不用電腦時，將**記憶體的資料存放到硬碟並關機**，下次登入系統後可回到原來的狀態。

(4) **Ctrl+Alt+Del**快速鍵：按 Ctrl + Alt + Del 快速鍵進入**工作管理員**中，可選擇結束沒有反應的程式，不必重新啟動電腦。

(5) 如需**增刪帳戶**或**設定其他帳戶**的相關資料，都需以最高權限帳戶－「**電腦系統管理員(Administrator)**」身份登入。

4. 桌面元件

(1) 電腦：

- 顯示電腦中**磁碟設備**。
- 選取某磁碟後按右鍵選取『內容』或直接選取『檔案／內容』，可得知磁碟的容量大小及使用狀況。

(2) **資源回收筒**：

- 用來存放**硬碟被刪除**的資料。
- 在尚未清理資源回收筒前，**可以還原**。
- 按 Shift 鍵不放再刪除檔案，檔案不會被放入資源回收筒中而會**直接刪除**。
- 刪除外接式設備(如：**隨身碟**)或網路(如：**雲端硬碟**)中的檔案，**不會放入**資源回收筒。
- 資源回收筒的**容量大小**可設定加以改變。

(3) **捷徑**：代表一個**指向應用程式的檔案**，左下角有箭頭符號，如：Google Chrome，**刪除捷徑並不會刪除其所代表的程式檔案**。

(4) **視窗控制鈕**：最小化鈕、/ 最大化／往下還原鈕、關閉鈕。

5. 顯示器設定

標籤	說　明
桌面背景	① 可以使用圖片檔案或HTML文件。 ② 圖案顯示有「**填滿**」、「**全螢幕**」、「**延展**」、「**並排**」、「**跨螢幕**」及「**置中**」6種。

標籤	說　明
螢幕保護裝置	① 可設定「**螢幕保護程式**」。 ② 可設定「密碼保護」。
螢幕解析度	① 解析度可設定的大小與顯示卡有關。 ② **解析度越高，螢幕顯示區域越大，但桌面圖示較小**。

6. 控制台與系統工具

(1) **控制台**：常用的功能有安裝輸入法、設定語系、安裝字型、安裝印表機、設定網路組態、設定顯示器、新增及移除程式、新增硬體等。

(2) **裝置管理員**：若某裝置之前出現以下符號，表示有些問題：

- ↓：該裝置設定為**停止使用**。
- ！：該裝置與其他裝置**發生衝突**。
- ？：**無法辨識**該裝置。

(3) 系統工具

- **磁碟重組**程式：將電腦中的檔案及可用空間進行重組整理，**提升系統存取檔案的效率**。
- **磁碟清理**：搜尋電腦中可安全刪除的檔案，**釋放硬碟空間**。
- **磁碟檢查**：用來檢查磁碟的邏輯與實體錯誤，並修復受損的邏輯錯誤。通常在不當關機後再開機即自動做磁碟檢查。
- **磁碟分割**：將一個磁碟分割成數個不同的磁碟區，用來存放不同的資料以方便管理。
- **系統還原**：將電腦還原到先前時間點(還原點)的設定值及效能，以**取消對電腦有傷害的變更**。
- **系統備份**：選取『開始／所有程式／設定／備份與復原』，可以進行系統的備份與復原，例如：檔案及資料夾、磁碟映像。建立系統磁碟映像可以還原成之前備份的各類設定，讓電腦恢復正常的狀態。

7. 磁碟檔案系統

種類	特性
FAT32	支援**長檔名**、每個檔案最大容量為4GB。
NTFS	支援**長檔名**、可設定不同使用者的**使用權限**、安全性佳。
exFAT	又名FAT64，支援**長檔名**、適用於如隨身碟等使用快閃記憶體裝置的檔案系統。

(1) **檔案配置表(FAT**，File Allocation Table)**記錄檔案在磁碟中所有資訊**。

(2) 在磁碟圖示上按右鍵，選取『內容』可檢視該磁碟的檔案系統。

(3) 在NTFS系統中可辨識FAT32系統中的檔案，但在FAT32系統中無法辨識NTFS系統中的檔案。

(4) Win 7/8/10只能安裝在**NTFS格式**的磁碟。

8. 快速鍵

快速鍵	說明
Ctrl+Esc	展開「開始」功能表
Alt+Tab	切換開啟中的應用軟體
Alt+F4	關閉視窗
PrintScreen	複製整個螢幕畫面
Alt+PrintScreen	複製作用中的視窗畫面
Ctrl+Space	切換中英文輸入模式
Ctrl+Shift	切換中文輸入法
Shift+Space	切換半形及全形

PLAY 考題

著名的景點阿拉巴斯坦有著迷人的白色沙灘，每年吸引不少觀光客流連忘返。但不為人知的是在外海海底，還躺著伍百多年前被雷暴雨所擊潰的聖瑪格號大帆船，依據當年港口紀載船上載有糧米100噸外，還夾帶一箱箱的黃金與翡翠珠寶，海盜們特別來此收集水文資訊，試圖建立附近洋流的大數據模型，標出可能的沉船位置就可進行尋寶任務。

( ) 1. 魯夫一行人經過重重波折後，終於到達阿拉巴斯坦，娜美沿途用數位相機拍攝許多照片，試問娜美使用Windows檔案總管中的哪一種檢視模式，可以看到照片的拍攝日期？
(A)並排 (B)清單 (C)詳細資料 (D)圖示。

( ) 2. 有關Windows的檔案及資料夾命名規則，下列敘述何者正確？ (A)不同磁碟中檔案不可以和資料夾使用相同的名稱 (B)檔名中可以同時使用中英文 (C)「超人<60>天特攻本」是正確的檔名 (D)在C磁碟的不同資料夾中不可以存在相同的檔名。

( ) 3. 在Windows的某資料夾內有50個檔案，若要選取其中不連續的45個檔案時，以下哪一種是比較快速的方法？
(A)直接按 Ctrl+A 鍵即可 (B)按住 Shift 鍵以滑鼠選取 (C)按住 Ctrl 鍵以滑鼠一一點選 (D)按 Ctrl+A 鍵後再按住 Ctrl 鍵以滑鼠點選不需要的檔案。

( ) 4. 在Windows作業系統中，哪一組按鍵的用法有誤？
(A) Ctrl+X：剪下 (B) Ctrl+A：復原 (C) Ctrl+C：複製 (D) Ctrl+V：貼上。

( ) 5. 娜美的電腦中存有各式各樣航海檔案，下列有關副檔名的敘述，何者有誤？ (A)docx是Word文件檔 (B)gif是圖形檔 (C)mp3及mp4屬於影片檔 (D)zip是壓縮檔。

(　) 6. 以何種方式刪除的檔案還可以從資源回收筒中被救回？ (A)按 Delete 鍵直接刪除硬碟中的檔案 (B)按 Shift 鍵不放再刪除 (C)刪除隨身碟中的圖片 (D)刪除網路中的檔案。

(　) 7. 在Windows作業系統中，有關顯示器設定的敘述何者較不適當？ (A)螢幕保護程式可改變影像在螢幕上顯示的位置 (B)可以將自己最愛的網頁設定成桌面圖案 (C)越好的螢幕可設定的解析度越大 (D)可以改變視窗外觀的顏色。

(　) 8. 新安裝的網路卡無法正常運作，在Windows的裝置管理員中發現了「！」的符號，表示？ (A)停止使用 (B)無法辨識 (C)與其他裝置發生衝突 (D)裝置已損壞。

(　) 9. 在Windows作業系統中，記錄檔案在磁碟中所有資訊之檔案配置表的簡稱為何？
(A)FAT (B)FDDI (C)FSB (D)FTP。

(　) 10. Windows作業系統可以將磁碟機內的資料重新排列，把同一檔案的資料放置在連續的儲存空間上，以減少搜尋資料的時間，請問這是屬於哪一種的磁碟維護？
(A)磁碟掃描 (B)磁碟重組 (C)磁碟清理 (D)磁碟備份。

(　) 11. 娜美使用Windows 10的電腦處理公司業務，中午短暫休息一下喝杯咖啡，此時娜美可讓電腦進入下列何種狀態以節省電源，等回來時按一下滑鼠即可繼續原來的工作？
(A)關機 (B)睡眠 (C)休眠 (D)登出。

(　) 12. 喬巴的筆記型電腦想要安裝Windows 10作業系統，請問喬巴必須選擇下列何種磁碟檔案系統？
(A)NTFS (B)FAT32 (C)exFAT (D)Ext2。

APP 解答

1	C	2	B	3	D	4	B	5	C	6	A	7	C	8	C	9	A	10	B
11	B	12	A																

Smart 解析

2.(A) 不同磁碟中檔案和資料夾可以使用相同的名稱。

(C) 檔案和資料夾命名時不可包含「*」、「?」、「/」、「\」、「<」、「>」、「:」、「"」、「|」9個字元。

(D) 同一磁碟中，在不同的資料夾內可以存在相同的檔名。

4.(B) Ctrl+A：全選。

5.(C) MP3：聲音檔，MP4：影片檔。

7.(C) 解析度的設定值與顯示卡有關，和螢幕的品質沒有絕對的關連。

9.(B) FDDI(Fiber Distributed Data Interface)：光纖分散式數據介面。

(C) FSB(Front Side Bus)：前置匯流排。

(D) FTP(File Transfer Protocol)：檔案傳輸。

統一入學測驗模擬試題（二）

單元11～20	得
班級：＿＿＿＿＿　姓名：＿＿＿＿＿＿　座號：＿＿＿＿	分

本試卷共 25 題，每題 4 分，共 100 分

(　) 1. 喬巴新購了智慧型手機(Smart Phone)，下列何者非智慧型手機作業系統？　(A)Windows Phone　(B)iOS　(C)Acrobat Reader　(D)Android。

(　) 2. 海俠吉貝爾想要架設一個WWW伺服器，用來做為魚人空手道場的網站，讓選手們可以交流空手道學習心得，試問他應使用哪一種作業系統較為合適？　(A)Windows 10，因為是多人單工作業系統　(B)MS-DOS，因為是單人單工作業系統　(C)UNIX，因為是單人多工作業系統　(D)Linux，因為是多人多工作業系統。

(　) 3. 魯夫一行人自從馬林福特頂點之役戰敗之後，分別散落在不同的島嶼修練，這群人之間都是藉由Web Mail來連繫。請問E-Mail是屬於OSI網路通訊架構中的哪一層？　(A)應用層　(B)網路層　(C)傳輸層　(D)資料連結層。

(　) 4. 某一中央處理器(CPU)的時脈(Clock)是3.0GHz，則其中GHz是指下列何者？　(A)每秒100萬次　(B)每秒1000萬次　(C)每秒1億次　(D)每秒10億次。

(　) 5. 有關CPU的敘述，下列何者正確？　(A)位址暫存器(MAR)負責儲存CPU下一個要執行的指令位址　(B)時脈週期(Clock Period)指的是時鐘脈衝每秒的次數，單位為GHz　(C)是一種積體電路，64位元的CPU一次可以存取8Bytes的資料　(D)將指令週期切割成多個單位，即使第一個指令尚未完成也可開始執行下一個指令稱之為平行處理。

(　) 6. 大數據(Big Data)又稱巨量資料，具有4V特性包含有Volume(大量)、Variety(多元)、Veracity(真實)，還有下列哪一項特性？ (A)Virtualization(虛擬) (B)Volatile(揮發) (C)Velocity(快速) (D)Vending(販賣)。

(　) 7. 下列OSI架構中哪一層不屬於TCP/IP網路四層架構中的應用層？ (A)傳輸層 (B)表達層 (C)會議層 (D)應用層。

(　) 8. 已知某IP位址為「198.168.100.100」，試問是屬於IPv4中的哪一等級的IP位址？ (A)Class D (B)Class C (C)Class B (D)Class A。

(　) 9. 使用網路報稅快速又簡便，紅髮傑克要如何透過公開鑰匙密碼術(Public Key Cryptography)來產生數位簽章，證明所有資料都是由自己所發出的呢？ (A)使用自己的公開鑰匙 (B)使用國稅局的公開鑰匙 (C)使用自己的私人鑰匙 (D)使用國稅局的私人鑰匙。

(　) 10. 下列哪一個伺服器的用途是將網址名稱轉換為IP位址？ (A)FTP Server (B)DNS Server (C)Print Server (D)DHCP Server。

(　) 11. 有關CPU的指令運作週期或稱為機器週期(Machine Cycle)的執行順序，下列何者正確？ (A)擷取指令→指令解碼→儲存結果→執行指令 (B)擷取指令→指令解碼→執行指令→儲存結果 (C)指令解碼→擷取指令→執行指令→儲存結果 (D)擷取指令→執行指令→指令解碼→儲存結果。

(　) 12. 不正當地利用網路來做為廣播媒體傳送郵件給大量未提出要求的使用者，我們稱之為何？ (A)VoIP (B)Netnews (C)Spam (D)Web Mail。

(　) 13. 有關遨遊網際網路的敘述下列何者正確？ (A)只要瀏覽不下載，電腦就不可能中毒 (B)只要網路上大家分享供人下載的就是合法使用 (C)網路寬廣雖無遠弗屆，但從事非法交易或張貼非法文字、圖片，仍會觸及法律 (D)只要確認網路交易有SSL機制就可以安全無虞的線上交易。

( )14. 下列關於一個新硬碟使用流程的四個步驟：①安裝OS到開機分割區 ②格式化每個分割區 ③分割成數個分割區 ④安裝應用軟體，依序應為何？ (A)② ③ ① ④ (B)③ ① ② ④ (C)② ① ③ ④ (D)① ② ③ ④。

( )15. 喬巴買了一部標示為2880dpi的印表機，其中的2880dpi指的是？ (A)列印速度 (B)印表機的型號 (C)價格 (D)列印解析度。

( )16. 下列的各種周邊設備：麥克風、數據機、DVD-RW、掃瞄器、印表機、喇叭、磁碟機，兼具輸入與輸出功能的有多少種？ (A)0 (B)3 (C)4 (D)7。

( )17. 下列何者不是常見的螢幕連接埠？ (A)D-Sub (B)DVI (C)HDMI (D)SATA。

( )18. 世界政府利用數位相機將所有海賊的容貌照相存檔，並製作成懸賞海報。要將數位相機中的照片檔案傳送到電腦中，通常會使用哪一種連接埠與電腦主機連接？ (A)PS/2 (B)DVI (C)USB (D)RJ-45。

( )19. 白鬍子老爹為救艾斯，大戰王下七武海，小丑巴奇利用網路直播，為使電腦播放畫面能夠更流暢，添購了一個高速顯示卡，請問這顯示卡應安裝在下列何種介面？ (A)SATA (B)USB (C)PCI-E (D)HDMI。

( )20. 使用下列哪一種方式可以備份主機中50GB的資料？ (A)1片單面單層的BD光碟片 (B)5片單面雙層的DVD光碟片 (C)2片雙面雙層的DVD光碟片 (D)80片CD光碟片。

( )21. 關於固態硬碟(SSD)和傳統硬碟的比較，下列敘述何者錯誤？ (A)固態硬碟的速度比傳統硬碟更快 (B)固態硬碟和傳統硬碟一樣使用SATA介面 (C)固態硬碟的體積比傳統硬碟更小 (D)固態硬碟的容量比傳統硬碟更大。

( )22. 丁丁可以利用下列哪一項的雲端運算服務直接在雲端應用程式開發平台上，進行開發和測試遊戲軟體？ (A)PaaS (B)SaaS (C)IaaS (D)AaaS。

(　) 23. 下列關於Windows作業系統中「捷徑」的敘述，何者有誤？　(A)捷徑代表一個指向應用程式的路徑　(B)刪除捷徑並不會刪除其所代表的程式檔案　(C)每個程式檔案可以有一個以上的捷徑　(D)捷徑圖示的位置必須放在桌面上，不能放在資料夾中。

(　) 24. 阿翔最近買了一台採用雙核心技術的平板電腦，試問「雙核心」是指下列哪一種電腦元件所採用的技術？　(A)主記憶體　(B)中央處理器　(C)匯流排　(D)SSD。

(　) 25. 在Windows檔案總管中，若要選取不相鄰的檔案，可按住下列哪一個按鍵不放，再一一點選儲存格？　(A)空白鍵　(B)Shift鍵　(C)Alt鍵　(D)Ctrl鍵。

單元 21. 電腦病毒及網路攻擊模式

單元名稱	單元內容	109	110	111	112	考題數	總考題數
電腦病毒及網路攻擊模式	電腦病毒	0	1	0	0	1	6
	網路攻擊模式	1	1	2	1	5	

1. 電腦病毒(Virus)、惡意軟體(Malware)

(1) 電腦病毒：具有破壞力的程式，會設法進入記憶體(RAM)中，進行感染及破壞。

(2) 惡意軟體：在未明確提示或未經許可的情況下，在用戶電腦安裝執行軟體，侵犯其合法權益，如：廣告軟體(Adware)等。

2. 電腦病毒感染途徑

(1) 可攜式儲存媒體(光碟、隨身碟、行動硬碟)：使用來路不明的隨身碟或與他人共用隨身碟。

(2) 網路：接收電子郵件或由網路下載檔案，如：E-mail、FTP、瀏覽網頁。

3. 防範之道

(1) 時常更新病毒碼或防毒軟體。

(2) 開啟隨身碟檔案或由網路下載檔案及電子郵件時最好先掃毒。

(3) 重要資料需備份於不同硬碟內，並存放在不同地點，以免損壞。

4. 電腦病毒及惡意軟體的種類

種類	特性	感染方式及影響
開機型 (系統型、啟動型)	**存在磁碟啟動磁區，比作業系統更早進入記憶體**，取得磁碟讀寫的控制權。	**修改磁碟檔案配置表**(FAT)或**硬碟分割表**(Partition Table)。
檔案型	**寄生在可執行檔案中**(副檔名如：.com、.exe)	執行中毒檔案時，會常駐在記憶體中感染其他執行檔。
巨集型 (文件型)	**以VBA語言所寫成的巨集程式**，常附在Word、Excel等應用軟體的文件檔案中。	執行巨集後感染這類型的文件檔。
隨身碟病毒 (USB蠕蟲)	**存在隨身碟的Autorun.inf檔中**。	插上隨身碟就可以自動被執行，中毒後無法快按兩下開啟隨身碟。
蠕蟲(Worm)、 特洛伊木馬	寄生在文件、網頁、電子郵件或正常的事件程序中。	大多利用網路(如：E-mail、FTP等)來傳染，造成**網路癱瘓**，或**竊取資料**給駭客。
行動裝置	將木馬程式**隱藏在App軟體**。	自動開啟拍照、發送高費率或加值服務的簡訊等。
間諜程式	利用免費軟體、電子郵件及含間諜程式的網頁為傳染媒介。	**主動掃描電腦系統並監視電腦活動**，造成系統當機或異常執行、洩漏帳號與密碼進行入侵等。

5. 電腦病毒和惡意軟體的比較

類型	電腦病毒	電腦蠕蟲	特洛伊木馬
目的	具破壞力造成使用不便	造成癱瘓無法正常使用	入侵他人電腦竊取資料
可自行繁殖及複製	是	是	
需寄生在別的檔案	是		是

6. 網路攻擊模式

(1) **漏洞**：因電腦軟體設計上的瑕疵，給予駭客有攻擊的弱點。

(2) **猜密碼**：不斷的猜測帳號與密碼，以入侵他人電腦。

(3) **殭屍網路**(BotNet)：被入侵的電腦在不知情狀況下，成為駭客可以從遠端操控的機器。

(4) **殭屍帳號**：在社群網站(如：Facebook)上建立大量虛擬帳號，企圖影響社群的行為(如：投票等)。

(5) **郵件炸彈**(E-mail Bomb)：不斷地寄信給某人，導致其信箱的儲存空間不足以存下所有寄來的郵件。

(6) **邏輯炸彈**(Logic Bomb)：當預設的條件(如：特定的日期)吻合時便啟動，此時會造成檔案的損毀或當機。

(7) **特洛伊木馬程式**：使用者執行感染的程式時，後門程式會進駐系統中(建立後門)以便入侵，或更進一步竊取機密資料。

(8) **鍵盤側錄**(Keylogger)：取得電腦鍵盤按過的按鍵，擷取輸入的個人資料，如：用戶帳號及密碼、信用卡號碼。

(9) **DoS阻絕服務**：利用攻擊程式在瞬間產生大量的封包，導致系統癱瘓。若是來自於許多不同的IP，則稱為「分散式阻絕服務」(DDoS)。

(10) **資料隱碼**(SQL Injection)：將攻擊資料庫的指令藏於查詢命令SQL中，以便入侵資料庫系統。

(11) **網頁掛馬**：設立惡意網站吸引使用者，只要瀏覽該網站就可能會被植入木馬程式或間諜軟體。

(12) **零時差攻擊**(Zero Day Attack)：攻擊者事先取得軟體進行破解，針對軟體漏洞進行攻擊。

(13) **跨站腳本攻擊**(XSS)：攻擊者入侵網站伺服器並植入惡意網頁程式，讓使用者瀏覽網頁時受到不同程度的影響。

(14) **網路釣魚**(Phishing)：仿製知名網站登錄頁面，誘使使用者登入，騙取使用者的帳號、密碼。

(15) **社交工程**(Social Engineering)：利用各種社交手段，如：套用關係、冒充權威人士等來降低他人戒心，趁機騙取他人資料。

(16) **勒索軟體**(Ransomware)：感染後會加密檔案或鎖住電腦系統，使受害者無法開啟使用，必須付清贖金才能解密檔案或解鎖電腦。

PLAY 考題

海盜們對於網路日趨依賴，舉凡購物、觀看影集、資料查詢、用傳Line傳訊息...等大小事。於此同時，喬巴會定期查看防火牆Log紀錄檔，發現午夜後有異常流量進出，立即電話提醒在歐哈拉電子圖書館中擔任館員的羅賓，要加強電子資料的病毒掃描與資料備份工作，以鞏固資料安全。

( ) 1. 圖書館館員羅賓，進行病毒掃描時發現，有一部分的金礦山圖檔資料疑似感染了電腦病毒而無法開啟。請問這類的病毒通常會寄生在下列哪一個地方？ (A)ROM (B)RAM (C)BUS (D)Cache。

( ) 2. 下列何種電腦病毒大多是利用網路為傳染媒介，此類病毒會寄生在文件、網頁、電子郵件中。病毒進駐電腦系統後會造成網路癱瘓，或竊取機密資料後送出？(A)巨集型病毒 (B)檔案型病毒 (C)開機型病毒 (D)特洛伊木馬病毒。

( ) 3. 下列哪一項與感染電腦病毒無關？ (A)檔案不能執行 (B)電腦無法正常開機 (C)感染光碟機無法燒錄 (D)破壞硬碟內儲存的資料。

( ) 4. 下列敘述何者正確？ (A)使用防毒軟體可以完全避免病毒攻擊 (B)重要資料最好備份於同一硬碟的不同資料夾內以免損壞 (C)瀏覽網頁仍會有中毒的危險 (D)開啟好友轉寄的電子郵件不會中毒。

(　) 5. 魯夫終於要和世界政府開戰了，不過此次先行使用網路攻擊。如果魯夫要入侵敵人特定主機並從遠端操控，藉此攻擊其他主機或竊取系統資料，他應該使用下列何種攻擊模式？ (A)木馬攻擊 (B)網路蠕蟲攻擊 (C)阻絕攻擊 (D)殭屍網路。

(　) 6. 有關預防感染電腦病毒，減少其所帶來的損失的方法，下列何者並不適當？ (A)下載網路上別人提供的破解軟體 (B)不和他人共用隨身碟 (C)定期更新病毒碼 (D)隨時備份重要的資料。

(　) 7. 下列有關電腦病毒、電腦蠕蟲及特洛依木馬的敘述，何者並不正確？ (A)都是透過網路下載軟體傳播 (B)電腦蠕蟲可自行繁殖及複製 (C)電腦病毒需寄生在別的檔案 (D)特洛伊木馬不會感染給其他檔案。

APP 解答

1	B	2	D	3	C	4	C	5	D	6	A	7	A

單元22. 網路類別

單元名稱	單元內容	109	110	111	112	考題數	總考題數
網路類別	LAN、MAN、WAN	0	0	0	0	0	6
	電路交換與分封交換	0	0	0	0	0	
	主從式網路及點對點網路	0	0	0	1	1	
	乙太網路	0	0	0	0	0	
	無線網路應用	0	4	0	1	5	

1. 依網路的連接範圍分類

(1) **區域網路(LAN)**：高速乙太網路、無線區域網路(**WLAN**)等。

(2) **都會網路(MAN)**：iTaichung / iTaiwan免費無線上網服務。

(3) **廣域網路(WAN)**：網際網路(**Internet**)。

2. 廣域網路各節點間資料傳輸方式

(1) 電路交換：**傳輸時建立兩端之間的連接，不需要時則中斷**。例如：打電話時撥通後雙方會佔用連接線路。

(2) 分封交換：資料傳送前先**分割成若干封包**(packet)在網路中**個別傳送**，透過不同路徑抵達目的地之後，**相關封包再組合**回原來的資料。例如：**網際網路**上兩個節點間的通訊。

3. 依網路型態分類

網路型態	主從式網路Client/Server	點對點網路Peer to Peer (P2P，又稱對等式網路)
定義	連接在同一網路上的客戶端(Client，或稱工作站)可以分享到伺服器(Server)所提供的網路資源。	網路中**沒有特定的伺服器**，每台電腦都能將本機的檔案、印表機等資源分享給同一網路上的電腦。
特色	提供服務及共享資源，且可對使用者的**帳號及權限**做安全方面的控管。	無法集中控管網路資源。
應用	① 網際網路。 ② 以Windows Server系列或UNIX、Linux為**網路作業系統**的網路。	① 網際網路。 ② 以Windows XP/Vista/7/8/10作業系統所形成的區域網路。 ③ Internet中**檔案分享**、即時通訊、群組合作平台、分散式計算等。

4. 乙太網路

(1) 美國電機電子技術工程協會(IEEE)委員會使用**CSMA/CD**技術定義的**乙太網路**，**為區域網路**的主流。

(2) 以**基頻**方式**傳送數位訊號**。

(3) 乙太網路規格：

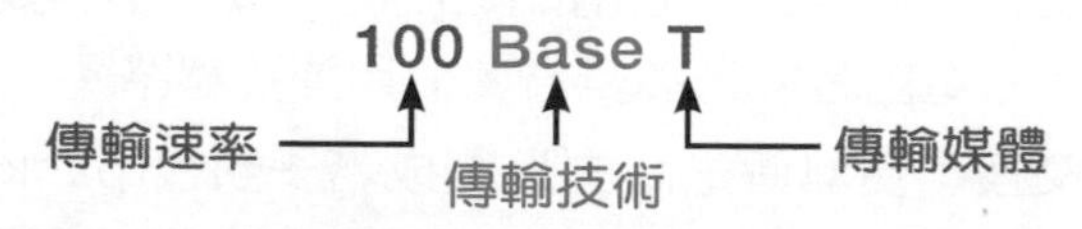

協定名稱	規格	傳輸速度	傳輸媒體	網路佈線
802.3 **乙太網路** Ethernet	10 Base5 10 Base2	**10 Mbps**	同軸電纜	匯流排
	10 BaseT	10 Mbps	**雙絞線**	星狀

協定名稱	規格	傳輸速度	傳輸媒體	網路佈線
802.3u 高速乙太網路 Fast Ethernet	100 BaseTX	**100 Mbps**	**雙絞線**	星狀
	100 BaseFX	100 Mbps	光纖	星狀
802.3z 超高速乙太網路 Gigabit Ethernet	1000 BaseCX	**1000 Mbps** (1 Gbps)	雙絞線	星狀
	1000 BaseSX/LX		光纖	星狀
10G 超高速乙太網路 10 Gigabit Ethernet	10G BaseT	10Gbps	**雙絞線**	星狀
	10G Base-SR/LR		光纖	

5. FTTx

指的是以**光纖連線**作為網路連線的最後一哩，有FTTH(Fiber To The Home，光纖到府)、FTTB(Fiber To The Building，光纖到建築)、FTTC(Fiber To The Curb，光纖到路邊)等類型。

6. 無線區域網路(WLAN)

(1) 採用**無線電波**傳輸的乙太網路技術，比紅外線有較佳的障礙物穿透力。

(2) **Wi-Fi**標籤：由Wi-Fi Alliance(非營利的國際組織)根據**IEEE 802.11**規格對無線通訊網路產品作互通性的認證。

(3) **無線基地台(AP)**：無線區域網路橋接器，用來接收無線區域網路卡所傳送的訊息，做為無線與無線網路設備，或無線與有線網路設備連接的轉接設備。

(4) 各種形式的802.11協定：

協定名稱	802.11b	802.11a	802.11g	802.11n	802.11ac	802.11ax
使用電磁波頻率	2.4GHz	5.8GHz	2.4GHz	2.4GHz 5GHz	5GHz	2.4GHz 5GHz
最大傳輸率	11Mbps	54Mbps	54Mbps	600Mbps	6.93Gbps	9.6Gbps

7. 行動網路

(1) **3G**：第3代行動電話技術，使用分封交換技術，理論上最大的傳輸率是2Mbps，演進世代包含**3G**、**3.5G**及**3.75G**。

(2) **4G LTE**：**透過修改3G手機基地台跟無線網路的技術**，最高傳輸速率達100Mbps，可**藉由3G網路的覆蓋率擴大服務範圍**，**屬於無線寬頻網路**。

(3) **4.5G LTE-A(Advanced)**：LTE進階版，簡稱**LTE-A**(俗稱**4.5G**)，資料傳輸速率更高。

(4) **5G(5th generation)**：第五代行動通訊技術，是4G LTE-A系統後的延伸，提供高資料速率、減少延遲、支援大規模裝置連接，達成節能與降低成本效能。

8. 藍牙(Bluetooth)

一種無線通訊技術，使用的**無線電波具穿透力**，**無接收角度的限制**，應用廣泛，例如：筆記型電腦、PDA、手機、**無線耳機**等。

9. Ir(紅外線通訊)

使用紅外線傳輸，**不能穿透牆壁**、**有傳輸夾角限制**，常用於筆記型電腦、PDA等。

10. RFID(無線射頻識別系統，Radio Frequency Identification)

(1) 包含讀取機(RFID Reader)和電子標籤(RFID Tag)，使用無線電波傳送識別資料，透過識別晶片識別和管理資料的辨識系統。

(2) 電子標籤體積小、可重複讀寫，用途廣泛。例如：**取代條碼做商品管理**、**悠遊卡**、高速公路電子收費系統(**ETC**，採用eTag電子標籤)、交通運輸貨物管理、門禁管制、動物晶片…等。

11. NFC(近場通訊，Near Field Communication)

(1) 短距離的無線通訊，有效距離約20公分。

(2) 可近距離進行非接觸式點對點通訊，例如：**手機電子錢包**、交通卡、門禁卡…等。

PLAY 考題

海賊王資訊學院時常接受高中學校申請參訪，第一站即是參觀綠能高效的資訊機房，除了耐震、防洪的建築設計外，還可模組化彈性擴充機房配置，快速滿足教學與研究的需求。尤其是針對機房的耗能與高溫問題，透過熱回收設備收集空調與伺服器的廢熱，有效減輕空調能源損耗。廢熱收集後可煮沸熱水供給全校飲用水與宿舍鍋爐使用。除此之外，還有開放網路實驗室，提供有線網路線材實作、網管設備展示、網路技術的影片介紹以及5G影音效果的超體驗。

( ) 1. 魯夫、喬巴、娜美、索隆和紅髮傑克都是鋼鐵人的粉絲，因此他們常常會透過點對點(Peer to Peer)網路來交換有關鋼鐵人的音樂及影片。下列有關點對點網路敘述，何者不正確？ (A)可以集中控管網路資源 (B)不需特定的帳號和密碼即可使用 (C)每台電腦都能將自己的檔案分享給同一網路上的電腦 (D)沒有特定的伺服器。

( ) 2. 網際網路(Internet)是依據下列哪一種資料交換技術來運作？ (A)數位整合資料交換 (B)電路交換 (C)分封交換 (D)訊息交換。

( ) 3. 關於分封交換(Packet Switching)的敘述，何者不正確？ (A)資料傳送前會分割成若干封包 (B)分封交換可彈性機動選擇資料傳送的路徑 (C)適用於通信使用時間較分散的用戶 (D)封包會同時抵達目的地。

(　) 4. 以下何者為主從式架構的優點？ (A)只適合小型網路 (B)沒有特定的伺服器 (C)軟硬體成本低 (D)提供使用帳號及使用權限管理。

(　) 5. 下列有關乙太網路的敘述，何者錯誤？ (A)又稱為Ethernet (B)以基頻方式傳輸 (C)10BASE-T是其中一種規格，使用同軸電纜 (D)由IEEE定義於802.3協定。

(　) 6. 在台灣的機場或麥當勞可以使用自備的手提電腦上網，請問下列對於該技術的敘述何者不恰當？ (A)該技術稱為無線區域網路，英文簡稱WLAN (B)無需任何IP便可使用該技術連線上網 (C)手提電腦需具備無線網卡 (D)所使用的協定是各類802.11協定。

(　) 7. 無線傳輸應用日益普及，下列關於無線傳輸的敘述，何者不恰當？ (A)手機上網下載遊戲或音樂是3G或Wi-Fi的應用 (B)ETC(高速公路電子收費)可使用紅外線傳輸技術，但訊號易受車速與天候狀況等影響 (C)藍牙(Bluetooth)科技普遍應用在衛星通訊領域中 (D)無線區域網路有傳輸範圍限制。

(　) 8. 航海王中的魯夫、香吉士等一行人在茫茫大海中進入了時光隧道另一端的21世紀，恰巧來到了蟹老闆的店，那是個網路暢行的時代。所有人的生活幾乎都脫離不了網路，蟹老闆也趁機告訴他們一些和網路相關的知識與應用，讓魯夫等人聽的是目瞪口呆。蟹老闆說道：

①我的店內部網路是LAN的應用

②銀行跨行提款屬於WAN的應用

③在這個海底社區可建構無線區域網路分享資源並上網

④乙太網路和網際網路都屬於WAN的應用

身為21世紀的你認為蟹老闆所說的4點中，有幾項是不正確的？ (A)4 (B)3 (C)2 (D)1。

( ) 9. 下列何種無線傳輸技術，具有低耗能、電波無接收角度的限制，屬於非接觸式的近距離通訊，在疫情之後受到產業界大量運用在行動支付？
(A)IR (B)Bluetooth (C)NFC (D)RFID。

( ) 10. 在區域網路中，100BaseT、1000BaseCX是常見的規格，試問下列敘述何者正確？ (A)數字1000指的是1000Bytes (B)Base指的是網路基礎架構 (C)T指的是傳輸時間 (D)數字100指的是100Mbps。

APP 解答

1	A	2	C	3	D	4	D	5	C	6	B	7	C	8	D	9	C	10	D

Smart 解析

3.(D) 封包在網路中個別傳送，透過不同路徑抵達目的地之後，相關封包再組合回原來的資料，封包不一定會同時抵達目的地。

5.(C) 10BASE-T使用雙絞線。

7.(C) 藍牙科技是一種無線通訊技術多應用於電腦周邊、行動電話、及其他家電用品。

8.④乙太網路屬於LAN(區域網路)，網際網路屬於WAN(廣域網路)。

10.(A) 數字1000指的是1000Mbps。
(B) Base指的是網路架構使用的傳輸技術，Base表示基頻。
(C) T指的是雙絞線。

單元 23. 資料處理方式

單元名稱	單元內容	109	110	111	112	考題數	總考題數
資料處理方式	資料處理方式	1	2	1	2	6	6

1. 檔案格式

方式	說　明	實　例
批次處理	一次處理完畢，適合大量且不具時效性的資料	水電費帳單、電腦閱卷、全民公投
即時處理	立即處理及回應，適合具時效性的資料	火車及飛機訂位購票、自動櫃員機、核能安全監控
分時處理	輪流使用CPU，同時進行數個資料處理	使用電腦同時上網及聽音樂
交談式處理	採用問答的方式逐步完成資料處理	自動櫃員機、圖書館藏書查詢
集中式處理	集中在某一部電腦處理資料	網路線上題庫測驗系統
分散式處理	由分散各地的電腦處理資料	單機題庫測驗，再將結果傳送至主機處理
連線處理	處理過程隨時保持連結的狀態	電腦與數據機連線
離線處理	處理過程未保持連結的狀態	離線瀏覽儲存在電腦中的網頁

PLAY 考題

香吉士為了課堂報告，下課後立即召集組員進行腦力激盪，分組報告的規則是：整組需要在五分鐘內用盡生活案例向同學介紹各式資料處理的方式，再由全班依據解釋內容的正確性與清晰度對小組表現進行評分。

( ) 1. 羅賓在電腦教室中連結至老師網站上的線上題庫系統進行線上測驗，完成後會立即顯示成績及全班排名，這種資料處理方式不屬於下列哪一種？ (A)連線處理 (B)離線處理 (C)即時處理 (D)集中式處理。

( ) 2. 布魯克將在台北小巨蛋舉辦跨年演唱會，歌迷可在網路上預購門票，請問此種購票方式是採用下列何種作業處理？(A)即時處理 (B)整批處理 (C)離線處理 (D)平行式處理。

( ) 3. 娜美剛收到上個月在百貨公司刷卡消費的信用卡帳單，發卡銀行通常是使用何種方式來處理這部分的資料？ (A)分時處理 (B)即時處理 (C)交談式處理 (D)整批處理。

( ) 4. 香吉士使用電腦播放MP3音樂，同時上網查詢料理食譜，請問這是利用作業系統所提供的哪一種作業方式？ (A)連線處理 (B)即時處理 (C)分時處理 (D)分散式處理。

( ) 5. 下列的作業中 a.電腦閱卷 b.網路飛機訂票 c.自動櫃員機 d.上網查詢成績 e.電腦上播放租回來的BD f.玩線上遊戲，不需要連線即時處理的有幾種？
(A)1 (B)2 (C)5 (D)0。

APP 解答

1	B	2	A	3	D	4	C	5	B

Smart 解析

5. 不需要連線即時處理的有2個，分別為a.電腦閱卷、e.電腦上播放租回來的BD。

單元 24. 雲端應用

單元名稱	單元內容	109	110	111	112	考題數	總考題數
雲端應用	雲端應用	0	0	5	0	5	5

1. 雲端儲存空間

(1) 雲端硬碟上檔案的操作和本機端使用一致，最大的效益在資源共享，並減少檔案空間的浪費。

(2) 常見雲端儲存空間：**Google Drive**、**iCloud**、**Dropbox**、**OneDrive**。

2. 雲端辦公室應用

(1) 行動商務者常需要透過行動載具進行文件撰寫、簡報製作，或是表單問卷的發布，運用雲端**簡便操作的APP服務**以及**多人共同編輯**可提升工作效率。

(2) Smallpdf是專門**編輯PDF**檔案的平台，提供壓縮、合併、拆分、編輯內容及解除密碼等功能。

(3) 常見雲端辦公室應用服務：**Google Office**、微軟**Office 365**、**Smallpdf**。

3. 雲端設計排版

(1) 雲端設計排版提供多樣化模板、IG圖文及社群媒體專用尺寸的圖示等，可讓使用者快速套用，製作文宣、賀卡、簡報或行銷海報等。

(2) 常見雲端設計排版平台：**Canva**、**Fotojet**、**DesignCap**。

4. 雲端繪圖

(1) 雲端繪圖提供基礎繪圖、智能修圖、色彩調整、濾鏡效果等功能，可讓使用者線上快速進行繪圖。

(2) 常見雲端繪圖平台：**Photopea**、**Sketchpad**、**vectr**、Pixlr。

5. 雲端掃毒服務

(1) 下載檔案或點擊超連結時，可透過雲端免費掃毒服務，在不用額外安裝軟體下，即能**享有最新的病毒碼防禦**。

(2) 常見雲端掃毒平台：**Virus Total**、**Hybrid Analysis**、**Avira Protection Cloud**、**PC-cillin**。

PLAY 考題

在5G超高速網路下，熟悉雲端平台服務的娜美，書面報告的精美程度與執行效率永遠都是第一名，這讓艾菲心裡感到吃味，但也不得不向娜美求救。

(　) 1. 下列哪一種雲端服務平台能提供多樣的模板範本供使用者編修，可快速設計出節慶海報、賀卡等作品？　(A)雲端繪圖　(B)雲端轉檔　(C)雲端試算表　(D)雲端排版。

(　) 2. 特斯拉公司若想進行車主使用者滿意度調查，應該選用下列哪一項雲端應用最合適？　(A)雲端掃毒　(B)雲端轉檔　(C)雲端表單　(D)雲端排版。

(　) 3. 手機收到來自國外客戶寄達的郵件，想查看附件內容但又怕下載檔案夾帶病毒，請問這時可選用何種雲端應用較適合？　(A)雲端掃毒　(B)雲端翻譯　(C)雲端硬碟　(D)雲端繪圖。

(　) 4. 艾菲是社會新鮮人剛進公司擔任FB小編，想快速將產品發表會的照片集加上公司logo圖案，然後發布在公司臉書上，請問她可以使用下列哪一項雲端應用設計logo圖案？　(A)雲端轉檔　(B)雲端翻譯　(C)雲端硬碟　(D)雲端繪圖。

APP 解答

1	D	2	C	3	A	4	D

單元 25. 程式語言基本概念

單元名稱	單元內容	109	110	111	112	考題數	總考題數
程式語言基本概念	程式語言類型	3	2	0	0	5	5
	物件導向	0	0	0	0	0	

1. 程式語言的類型

類型	特性	分類	說明
低階語言	撰寫不易 可攜性低 執行速度快	機器語言	由**0**、**1**所組成，不需翻譯，可直接於電腦上執行。
		組合語言	以文字符號取代機器語言，需經過組譯才能執行。
高階語言	**撰寫較容易** **可攜性高** 執行速度較慢	程序導向語言	依程式指令先後順序執行。如：FORTRAN、COBOL、**BASIC**、PASCAL、**C**、**HTML**等。
		物件導向語言	將問題分解成具有獨立功能的「物件」，藉由物件之間的互動關係完成程式的設計。如：**Java**、**C++**、Delphi、**Visual Basic**、C#、Swift、**Python**、Perl、Ruby等。

2. 組譯、直譯與編譯

(1) 組譯器(Assembler)：MS Assembler、Turbo Assembler。

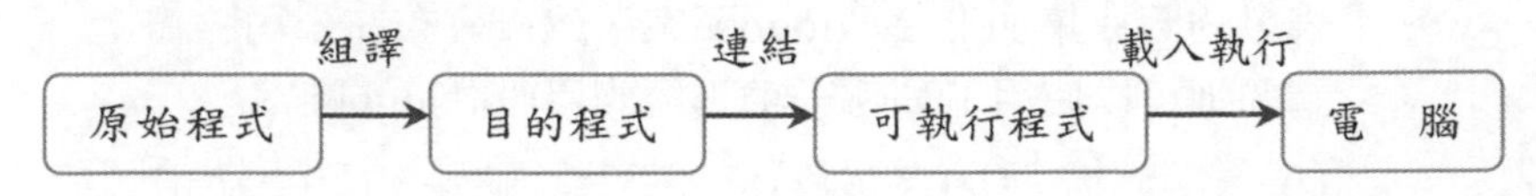

(2) **直譯器**(Interpreter)：GWBASIC、QBASIC、Python。

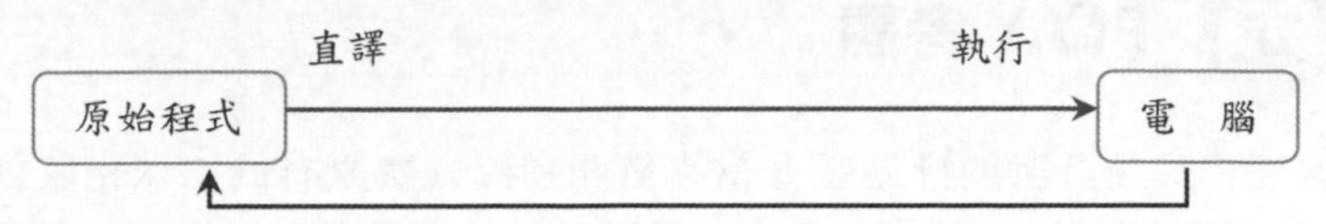

(3) **編譯器**(Compiler)：VB、C、C++、Pascal、Delphi、Java…。

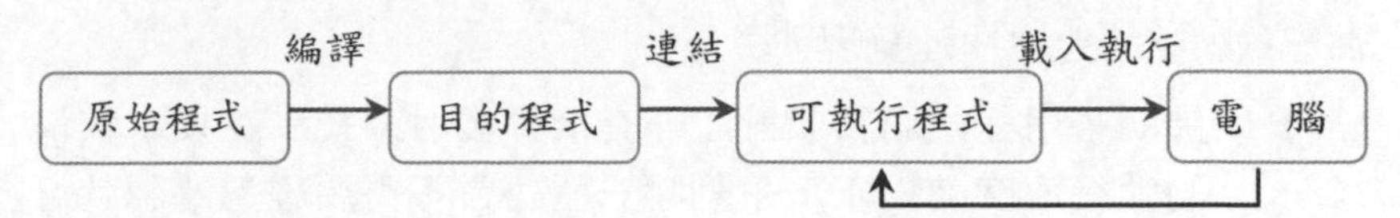

3. 物件的概念

(1) **物件**：任何具體或抽象的事物，例如：**命令鈕** Button1 。

(2) **類別**：具有類似性質、行為或共同關係的物件所組成的概念。

(3) **屬性**：物件的外觀特性，例如：將**命令鈕外觀**改為 確定 。

(4) **事件**：驅動物件執行該物件所設定的動作，例如：**點一下滑鼠(Click)**。點了滑鼠後會根據程式碼而有不同的動作反應，此反應為「事件程序」。

(5) **方法**：物件的擁有的能力，例如：內含在**物件中的函數**或程序。

4. 物件導向程式語言的特性

(1) **封裝**：將資料和處理程序封裝在物件中，程式設計者只要明白該物件所擁有的功能即可，**不需了解物件內部的設計**。

(2) **繼承**：依照原物件產生新物件，而**新的物件可以繼承原來物件的能力**和行為。

(3) **多型**：子類別可依需要**重新改寫由父類別繼承下來的方法**，增加其所具備的能力。

PLAY 考題

擔任程式設計師的佛朗基非常喜歡開發程式讓原有的工作化繁為簡，無論是早期的組合語言，到現在最夯的網路爬蟲Python，或是創客作品使用的Arduino都難不倒他。喬巴覺得物件導向程式的特性很便利，所以也想嘗試自行開發系統，相信在佛朗基的指導下，喬巴的願望一定會快速實現。

( ) 1. 佛朗基用程式語言設計了一套飛彈發射系統，在要求較快的執行速度前提下，下列哪一種語言不需要經過翻譯就可以直接在電腦上執行？
(A)組合語言 (B)機器語言 (C)C語言 (D)Java語言。

( ) 2. 下列哪一種語言不具有「物件導向」語言的特性？
(A)Java (B)Visual Basic (C)HTML (D)C++。

( ) 3. 原始程式經過編譯後會先產生下列何種檔案？
(A)目的程式 (B)執行檔 (C)連結檔 (D)文字檔。

( ) 4. 喬巴在他的故鄉磁鼓王國開設了一間航海學校，並設計了一套「校務行政系統」規劃全校的科系別、任課教師、學生等。以物件導向的觀念來看，「科系別」是屬於？
(A)物件 (B)類別 (C)屬性 (D)事件。

( ) 5. 一套「校務行政系統」規劃了全校的科系別、任課教師、學生等，以物件導向的觀念來看，若「1號同學第一次段考成績平均80分」，則此項敘述中的「成績平均80分」應為其？ (A)物件 (B)類別 (C)屬性 (D)事件。

( ) 6. 物件導向語言的特性中，透過何種機制可以讓新物件擁有上一代物件的特性，並可以發展出自己的特性？
(A)封裝 (B)繼承 (C)多型 (D)類別。

APP 解答

1	B	2	C	3	A	4	B	5	C	6	B

Smart 解析

3. 程式編譯過程所產生的檔案：原始檔→目的程式→連結檔→執行檔。

4.~5. 科系別、任課教師、學生為類別，每一個教師或學生則為物件，學生的學號、姓名、成績則為該學生的屬性。

單元 26. 網際網路服務

單元名稱	單元內容	109	110	111	112	考題數	總考題數
網際網路服務	網際網路的範圍	0	0	0	0	0	4
	網際網路連線方式	0	0	0	0	0	
	網際網路服務供應商(ISP)	0	0	0	0	0	
	網際網路服務	2	2	0	0	4	

1. 網際網路的範圍

(1) Internet(網際網路)：前身為ARPANET網路，現在是指**世界各地彼此連接而成**的超大型電腦網路。

(2) Extranet(商際網路)：上、下游相關企業所共同構成的網路，範圍**涵括企業與企業之間**。

(3) Intranet(企業網路)：**企業內部**的網路，目的是對內部人員提供群體溝通的服務。

(4) 規模比較：**Internet＞Extranet＞Intranet**。

2. 常見的網際網路連線方式

類別	方式	設備
寬頻有線網路	**ADSL**	網路卡、ADSL數據機及電話線路、集線器
	CATV Network	網路卡、纜線數據機及有線電視線路、集線器
	專線固接	網路卡、交換器、路由器及專線(T1、E1、T3、T4)
	FTTH(**光纖**到**府**)、 **FTTB(光纖**到**大樓**)、 FTTC(**光纖**到**路邊**)	網路卡、光纖轉換器及光纖線路、交換器

類別	方式	設備
無線網路 行動網路	**Wi-Fi(IEEE 802.11系列)** **3G** **4G LTE**(Long Term **E**volution) **4.5G LTE-A(Advanced)** **5G(5th Generation)**	行動電話、平板電腦、PDA、無線網卡、無線基地台

3. 網際網路服務供應商(ISP)

提供動態IP位址或固定IP位址給連上網際網路的電腦，並提供各項網際網路服務。國內常見的ISP有：

服務對象	ISP	費 用
學術用	**TANet(台灣學術網路)**	**免費**
企業及個人用	HiNet、SeedNet、Sonet…等	需付費

4. 常見的網際網路所提供的服務

服 務	說 明
WWW 全球資訊網	在瀏覽器的網址列輸入URL，如：「http://網址或IP位址」，開啟以**超文件標示語言(HTML)**等所撰寫的網頁(Web Page)。
E-mail 電子郵件	透過網際網路傳遞郵件的服務，電子郵件表示法為「**使用者名稱@郵件伺服器位址**」。
Line、WhatsApp、WeChat、Skype、Facebook Messenger 即時通訊	透過網路，線上聊天、留言、檔案傳輸、影音交談或多人視訊會議。
VoIP、IP phone 網路語音服務	將語音的類比訊號轉換成數據封包的型式，屬於**透過Internet**傳送的**網路電話**。使用者透過電腦的語音裝置而不需透過傳統的公眾電話網路(PSTN)即可進行遠距電話交談。

服務	說明
IPTV、Web TV 網路電視	利用網路傳輸節目內容，是一種互動式的隨選視訊，不受節目播出時間與播放順序的限制，例如：中華電信的**MOD**、Apple的**iTV**。
Blog部落格 (網誌、博客)	一種定型化網路平台，可設定個人化版型、發表文章、日記及上傳圖片等，使用者可輕易維護的個人網站。**Vlog**指的是**影音部落格**，可提供個人影音日誌上傳分享。
Ftp 檔案傳輸	通常允許使用者以**匿名方式登入**，使用者名稱為**anonymous**。Ftp連線方式： ① 在瀏覽器的網址列或檔案總管中輸入URL如：「**ftp://網址或IP位址**」。 ② 使用工具程式Ws-ftp、Cute-ftp等。
BBS 電子佈告欄	網際網路上的佈告欄，使用**Telnet方式登入**。
Telnet 遠端登錄	透過網路登錄(**Login**)到遠端電腦主機，而本地端電腦成為其終端機。連線期間不論使用者是否按任何按鍵，都會佔用主機的部分資源。
Google Earth 虛擬地球儀	Google把衛星空照圖、航空空照圖和地理資料系統(**GIS**)整合在一個三維的地球模型上。
Google雲端協作工具 Google文件	Google提供類似MS Office 365的線上服務，不須另外安裝。在線上建立並共用檔案，只需**藉由網頁瀏覽器**就可以進行辦公室文件的編輯，並且可儲存在網路上。
Cloud Computing 雲端運算	基於**網際網路**的運算方式，把所有的資料，例如：電子郵件、文章、照片等，全部都**放在網路上去處理**。相當於網路上有一群電腦組合成一台運算及儲存能力都很強大的電腦。
iCloud、Google Drive DropBox、SkyDrive 雲端儲存	一種網站**線上儲存的型式**，例如：網路硬碟、線上備份及線上儲存等。例如：蘋果公司(Apple)所提供的**iCloud**、Google公司的**Google Drive**、**DropBox**公司的DropBox及微軟公司(Microsoft)的**SkyDrive**。

服務	說明
YouTube 短片分享服務	提供網友上傳、觀看及分享短片的網站。
Social Network 社群網站	主要功能是提供用戶建立線上社群，作為資訊的交流與分享。常見的有Facebook(臉書)、Twitter(推特)、新浪微博、Instagram、Plurk(噗浪)、Line等。

PLAY 考題

海賊王資訊學院每年都會吸引世界各地的年輕人申請入學，校內各教學大樓之間的光纖骨幹頻寬為1G bits/s，對外則有3G頻寬的數據專線與TANet連結，針對師生在教學與研究上的需要，特別建置了頻寬為2G bits/s的Internet國際專線。而且，每位師生可申請個人VoIP網路電話號碼，就能透過網路從任何地方免費接聽及撥打校內電話，大幅降低學生的通話費用。特別是鄰近生活圈中專租學生的宿舍，還提供有線電視CATV加100Mbps寬頻，以及ADSL 300M/100Mbps寬頻上網兩種選項，大大滿足不同屬性學生在娛樂上的需求。

( ) 1. 海賊王資訊學院同時有數間電腦教室要同步進行跨國視訊線上教學，因此最適合採用的是下列哪一種方式？
(A)專線固接 (B)撥接式數據機 (C)iPod (D)手機上網。

( ) 2. 下列何者有誤？ (A)ADSL中文稱為非對稱數位用戶線路 (B)ADSL上傳及下載的傳輸速率不對稱 (C)ADSL是提供網際網路服務的公司 (D)ADSL可以使用電話線做傳輸媒介。

( ) 3. 下列何者是利用有線電視的網路提供寬頻上網服務？
(A)ATM (B)CATV (C)ADSL (D)T1專線。

( ) 4. 何者不是網際網路服務公司(ISP)？ (A)台灣學術網路(TANet) (B)HiNet (C)有線電視業者 (D)Yahoo!奇摩。

( ) 5. VoIP電話其語音訊號的傳遞是經由？
(A)PSTN (B)LAN (C)ISDN (D)Internet。

( ) 6. 常見網際網路上的運用，下列的說法何者較為正確？
(A)Vlog可提供個人影音日誌上傳分享 (B)BBS主要是提供檔案傳輸服務 (C)Skype主要是作為檔案搜尋 (D)FTP常用來收發電子郵件。

( ) 7. 魯夫假日帶著專題學生來到了海底總動園發放問卷，他想透過網路與故鄉的好朋友即時影音溝通，試問他可使用下列那一項網路服務？
(A)Facebook (B)Skype (C)BBS (D)Web Mail。

( ) 8. 香吉士一直想成為知名YouTuber，順便促銷自家的美味蟹堡，所以走到各大港口就會拍攝影片上傳，並時常查看影片的點閱率及按讚數，下列關於他使用網路服務的敘述，何者有誤？ (A)利用Microsoft Edge瀏覽美味蟹堡網頁 (B)在Google輸入"航海"，便可自動找到相關的資料 (C)在Blog中發表文章、日記及上傳圖片 (D)使用FTP在討論區中對目前最熱門的話題發表自己的看法。

( ) 9. 下列敘述何者是正確的？ (A)SSD：使用SRAM材質，功能與ROM相同 (B)Google Docs：只需網頁瀏覽器就可以進行辦公室文件的編輯，並且可儲存在網路上 (C)Plurk：一種Web服務，主要提供影音下載和線上觀看 (D)Twitter(推特)：主要在於提供網路平台讓有興趣的人能開發應用程式或遊戲給網友使用。

(　) 10. 有關網路語音視訊的說明，下列何者較不適當？

(A)利用Facebook Messenger可進行視訊會議　(B)Line使得網友可以線上聊天　(C)VoIP是一種網路影音觀賞網站　(D)Skype除了可透過網際網路免費即時視訊外，還可用來撥打市內電話。

APP 解答

1	A	2	C	3	B	4	D	5	D	6	A	7	B	8	D	9	B	10	C

Smart 解析

2. (C) ISP才是提供網際網路服務的公司。

4. (D) Yahoo!奇摩屬於入口網站。

6. BBS：電子佈告欄，Skype：網路電話，FTP：檔案下載。

9. (A) SSD：使用Flasy Mcmory為材質，功能類似傳統的硬碟，可讀可寫。

   (C) Plurk：一個社會化的微網誌，自己跟好友的所有消息都會顯示在一條 時間軸上是其一大特色。

   (D) Twitter(推特)：自己所設定的好友都可以即時在使用者的版面頁上看到每一則更新的訊息。

單元 27. 各類介面與連接埠

單元名稱	單元內容	109	110	111	112	考題數	總考題數
各類介面與連接埠	I/O連接埠	0	1	1	1	3	4
	各類介面	0	0	0	1	1	
	硬體設備與插槽	0	0	0	0	0	
	電腦操作與保養	0	0	0	0	0	
	BIOS、CMOS	0	0	0	0	0	

1. I／O連接埠

(1) 連接主機與輸入／輸出的周邊設備。

名 稱	方式	說 明
PS/2	序列	連接PS/2規格的鍵盤和滑鼠。
序列埠、串列埠 (Serial Port，RS232C)	序列	分為COM1、COM2，一次傳1bit，傳輸速度慢，連接滑鼠、撥接數據機。
平行埠、並列埠 (Parallel Port)	**並列**	**一般稱為LPT1，一次傳1Byte或多個Bytes**，傳輸速度較序列埠快，通常連接印表機、掃描器。
USB (通用序列匯流排) USB 2.0： USB 3.1(Type-A)： USB 3.1(Type-C)：	序列	具有熱插拔(在電腦開機時可安裝或拔除周邊裝置)以及P&P (Plug&Play)的特性，能提供電源給連接設備充電，廣泛應用於各種電腦周邊。常見的有印表機、掃描器、數位相機、隨身碟、滑鼠、鍵盤、外接式硬碟(光碟機)等。

名 稱	方式	說 明
IEEE1394(FireWire) 4Pin 6Pin	序列	具熱插拔及P&P，能提供充電，用於高速傳輸的周邊，如：影音周邊、數位相機、DV攝影機等。
HDMI	序列	影音傳輸介面傳送影音的數位訊號，具熱插拔及P&P，如：藍光影音光碟等。
DisplayPort	序列	可連接1個以上的螢幕組成電視牆，具熱插拔，主要用來連接螢幕、家庭劇院設備。
Thunderbolt 1&2 Thunderbolt 3(Type-C)	序列	最高連接6個周邊設備，具熱插拔，能提供充電。可用來連接螢幕、外接顯示卡、外接式硬碟。
RJ-45	序列	連接網路線。

(2) 傳輸速度快慢：

Thunderbolt 3（40Gbit/s）＞DisplayPort 1.3（32.4Gbit/s）＞HDMI 2.0（18Gbit/s）＞USB 3.1（10Gbit/s）＞USB 3.0（5Gbit/s）＞IEEE1394b（800Mbps）＞USB 2.0（480Mbps）。

註：**USB 3.0現已更名為USB 3.1 Gen1**。

2. 匯流排(Bus)介面

主機與介面卡溝通的管道，傳輸速度快慢：**PCI Express＞AGP＞PCI**。

(1) PCI介面：使用並列傳輸，廣泛使用於各種介面卡，如：網路卡、音效卡等。

(2) PCI Express介面：使用**串列傳輸**，**支援熱插拔**，可連接各種介面卡，PCI Express×16可用來連接顯示卡。

3. 硬碟機、光碟機控制介面

傳輸速度快慢：SATA Express(1600MB/s)＞SAS-3(1500MB/s)＞SCSI Ultra-640(640MB/s)＞SATA 3.0(600MB/s)＞IDE(133MB/s)。

(1) IDE：採用**並列**傳輸，**1條IDE排線最多可連接2個周邊設備**。

(2) SATA：採用**序列**傳輸，**1條SATA排線只可連接1個周邊設備**，具**熱插拔**可直接安裝或移除連接的設備。

(3) eSATA：採用**序列**傳輸，SATA介面的外接延伸連接埠，一般是**用來連接外接式硬碟**，傳輸速度可達3 Gbps。

(4) SCSI：採用**並列**傳輸，**最多可連接15個周邊設備**。

(5) SAS(序列式SCSI)：採用**序列**傳輸，**最多可連接8個周邊設備**，與SATA裝置相容。

4. 各類介面可連接的周邊裝置個數

USB(127個)＞IEEE 1394(63個)＞SCSI(15個)＞SAS(8個)＞IDE(2個)＞SATA,COM1,COM2,LPT1(1個)。

5. 常見的介面卡

(1) 音效卡：類比音源訊號與數位音源訊號。

(2) 網路卡：負責網路上傳輸媒體與電腦之間的連接與資料傳輸。

(3) 顯示卡：利用圖形處理晶片將電腦資料呈現在螢幕上。

(4) 磁碟陣列卡(RAID Card)：組合多個硬碟成為一個邏輯磁區，**適用於大容量儲存空間**、伺服器電腦。

6. 無線傳輸介面

(1) IrDA(紅外線通訊)：使用紅外線傳輸，有傳輸夾角的限制，不能穿透牆壁，常見的傳輸速率是9.6Kbps～4Mbps；常用於無線滑鼠、無線鍵盤等。

(2) Bluetooth(藍牙)：使用無線電傳輸，沒有傳輸夾角的限制，可以穿透牆壁，傳輸速率約為1～3Mbps，傳輸範圍約為10公尺，常用於PDA、手機、無線耳機等。

7. 各類硬體設備與相對應插槽或連接埠

硬體設備	可安裝的插槽或連接埠
CPU	CPU插槽
主記憶體	記憶體插槽
網路卡、音效卡	PCI擴充槽、PCI Express擴充槽
顯示卡	PCI Express×16擴充槽
讀卡機	microSD / SD記憶卡插槽
內接式硬碟、光碟機	IDE、SCSI、SATA、SAS
外接式硬碟、光碟機	USB、eSATA、IEEE 1394、Thunderbolt
滑鼠	PS/2、USB、序列埠(COM1,COM2)
鍵盤	PS/2、USB
螢幕	D-sub、DVI、HDMI、Displayport、Thunderbolt
印表機、掃描器	USB、平行埠(LPT1)
數據機	USB、序列埠(COM1,COM2)
數位相機、數位攝影機(DV)	USB、IEEE 1394、HDMI
ADSL數據機	RJ-45
隨身碟	USB
喇叭、麥克風	音效卡

8. 電腦操作與保養

(1) **須先關閉電源才可拆裝電腦**，避免造成硬體故障。

(2) 定期以清潔片或清潔液清洗光碟機讀寫頭。

(3) 避免在光碟機指示燈亮時作抽取光碟的動作。

(4) 避免陽光曝曬，遠離高溫、潮濕，注意防塵，不以濕毛巾擦拭電腦與周邊設備。

9. BIOS(基本輸入/輸出系統，Basic Input/Output System)

(1) **儲存於主機板上ROM內的程式**，又稱為ROM-BIOS，電源關閉後資料不會消失。

(2) **可用來設定CMOS內容，不能設定螢幕解析度。**

(3) 開機自我測試(Power On Self Test)：在作業系統載入前，電腦開機後自動分析和測試系統硬體組態，如：CPU型號、記憶體大小、磁碟機型式等，比對儲存在CMOS中的各項裝置內容是否正確，若有不同會發出警告或停止開機程序。

(4) 若儲存於Flash ROM內，可於電腦開機時使用BIOS更新程式更改其程式碼。

(5) UEFI(統一可延伸韌體介面)：新一代BIOS的替代方案，定義作業系統與韌體之間的軟體介面。

10. CMOS(互補金屬氧化半導體)

(1) **主機板上的硬體裝置**，儲存系統日期及時間、軟硬碟和光碟機的型號及大小、開機順序(由硬碟、光碟、USB儲存設備或網路開機)等電腦系統硬體的設定。

(2) **內容可由BIOS更改。**

11. MBR(主要開機磁區)

電腦開機後存取硬碟時所讀取的第一個磁區，存放在硬碟的第0面，第0軌，第1磁區(side 0，track 0，sector 1)上。

PLAY 考題

動感超人畢業自海賊王資訊學院，平時酷愛飛行傘活動，更是全國飛行傘大賽中的常勝軍。這次，魯夫與動感超人等人組隊參加團體接力賽，由喬巴與香吉士隨行攝影紀錄。當影片拍攝結束返回旅館時才發現，原來喬巴與香吉士帶來的攝影器材介面規格大不同，有GoPro運動攝影機，也有DV攝影機；常見的USB也出現Type-C與Type-A兩種接頭，還好這些小事都難不倒魯夫。

( ) 1. 喬巴使用數位相機記錄了魯夫與動感超人在全國飛行傘大賽中的精采畫面，比賽結束之後，他想要把相機內的照片放到電腦內。他應該將數位相機透過連接線連接到電腦的哪一種I/O連接埠才可以順利完成這項工作？
(A)USB (B)LPT (C)PS/2 (D)COM1。

( ) 2. 下列的連接埠或介面：①PCI ②PCI Express ③USB ④PS/2 ⑤IDE ⑥AGP ⑦IEEE1394b ⑧SATA，同時支援隨插即用及熱插拔功能有幾項？ (A)2 (B)4 (C)5 (D)8。

( ) 3. 各類介面的傳輸速度，下列何者正確？ (A)PCI>SATA3>IDE (B)IDE>SCSI>USB3.1 (C)IEEE1394b>USB3.1>COM1 (D)PCI Express>AGP>PCI。

( ) 4. 下列何者不是主機板上的擴充槽類型？
(A)PCI Express (B)USB (C)IDE (D)SATA。

( ) 5. 使用DV攝影機所拍攝的影片，通常經由何種連接埠將檔案傳送至電腦內儲存？
(A)平行埠 (B)序列埠 (C)PS/2 (D)IEEE1394b。

( ) 6. 下列有關USB(universal serial bus)介面的敘述，何者較不正確？ (A)採用並列傳輸，傳輸速度比PS/2介面快 (B)存取速度可達480Mbps (C)除了提供傳輸，也提供電源給設備使用 (D)部分印表機有提供USB介面。

(　) 7. 香吉士從風車村電腦廣場買了電腦硬體回家自己DIY組裝，因為沒有事先做功課，自己亂接一通的結果，導致電腦無法使用。以下是他所安裝的硬體與對應的插槽，哪一項是正確的？ (A)硬碟、PCI (B)網路卡、SATA (C)DDR4、IDE (D)顯示卡、PCI Express×16。

(　) 8. 欲在電腦中加裝第二顆硬碟時，該硬碟要連接在主機板上的哪一個介面？
(A)PCI Express (B)SATA (C)PCI (D)記憶體插槽。

(　) 9. 下列何者是錯誤的電腦使用方式？ (A)操作時若硬碟讀取異常，可直接將其從IDE插槽中拔除送修 (B)不以濕毛巾擦拭電腦 (C)最好先開啟周邊設備，再啟動電腦主機 (D)每操作一個小時，休息十至十五分鐘，避免眼睛過度疲勞。

(　) 10. 下列敘述何者是正確的？ (A)BIOS是主機板上的一種晶片組，電源消失資料可以保留 (B)BIOS可用來設定CMOS及螢幕解析度 (C)CMOS內可設定由光碟或硬碟開機 (D)欲更新Flash ROM BIOS內容最好先將電源關閉以免硬體損壞。

APP 解答

1	A	2	B	3	D	4	B	5	D	6	A	7	D	8	B	9	A	10	C

Smart 解析

2. 有 ② ③ ⑦ ⑧ 4種。

7. (A) PCI：網路卡、音效卡。
(B) SATA：硬碟、光碟。
(C) IDE：硬碟、光碟。

10. (A) BIOS是程式而非硬體。
(B) BIOS可用來設定CMOS，無法設定螢幕解析度。
(D) 可在開機時直接以程式更新BIOS內容。

單元 28 主記憶體

單元名稱	單元內容	109	110	111	112	考題數	總考題數
主記憶體	RAM、Cache	1	0	1	1	3	4
	ROM、Flash ROM	0	0	1	0	1	

1. 記憶體分類

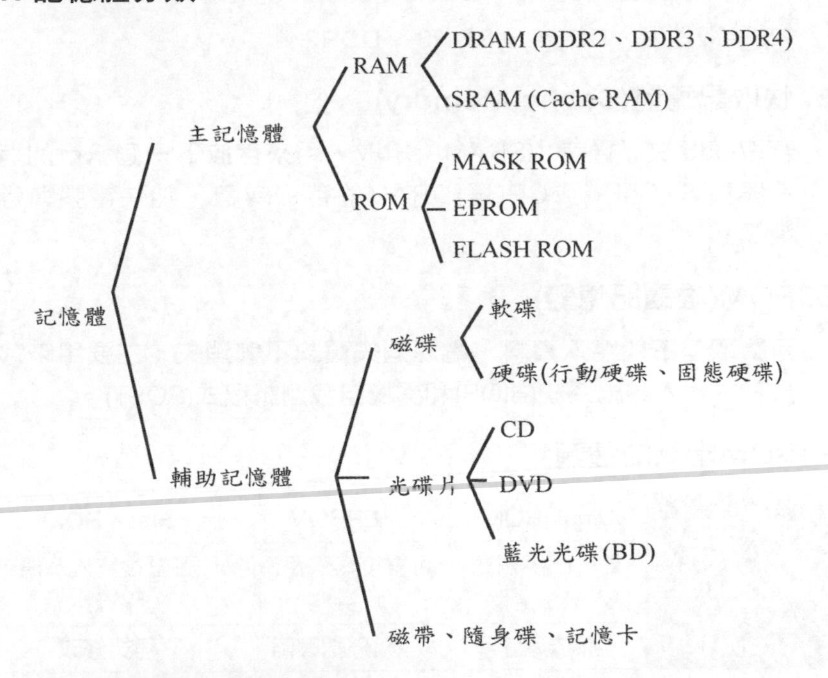

2. RAM(隨機存取記憶體)

可**讀取**及**寫入**資料，**電源消失資料會消失**，用來**暫存**執行中的**程式和資料**。CPU要執行程式或存取資料時，必須先載入至RAM中。

3. RAM常見的種類

種類	DRAM (動態隨機存取記憶體)	SRAM (靜態隨機存取記憶體)
製造元件	電容器	正反器
充電	需週期性充電	不需週期性充電
速度、價格	速度慢、價格低	速度快、價格高
用途	一般個人電腦所指的記憶體 如：DDR2、DDR3、DDR4	快取記憶體(Cache) 如：L1、L2、L3

4. 個人電腦上常用的DRAM

(1) 有**240pins的DDR2、DDR3和288pins的DDR4**。

(2) 存取速度：**DDR4 > DDR3 > DDR2**。

5. 快取記憶體(Cache Memory)

存取速度快，通常由SRAM所組成，**用來存放下一個執行的指令與資料**，可減少CPU對DRAM的存取次數，加快電腦執行速度。

6. ROM(唯讀記憶體)

可讀取但不能寫入資料，**電源消失資料不會消失**，主要用來存放基本輸入輸出系統(BIOS)和開機自我測試程式(POST)。

7. ROM常見的種類

種類	Mask ROM	EPROM	Flash ROM
特色	資料已事先寫入無法清除	可重複寫入及清除資料	可重複寫入及清除資料
清除資料方法	無法清除	紫外線曝照	程式修改

8. Flash ROM(Flash Memory，快閃記憶體)

具資料**可讀可寫**(RAM的優點)及**電源消失資料仍會保留**(ROM的優點)的特性，**可在電腦開機時透過程式修改**。應用於**BIOS**、數位相機及行動裝置**記憶卡**、**隨身碟**等。

PLAY 考題

艾菲對於ROM與RAM的特性常常傻傻分不清楚，於是妮可教授依據記憶體特性分組進行討論，先由組長介紹再由組員提問，限時一到組員就要歸納結論並更換組別。迴轉一輪後，艾菲雀躍地說：原來這麼簡單，我懂啦！

(　) 1. 娜美上完大一的計算機概論課程後，認識了隨機存取記憶體(RAM)的特性，期末老師提出如下4個選項的隨堂測驗題，娜美隨即到維基百科去查個清楚。試問，下列哪一個說法是正確的？　(A)和ROM一樣只能讀取而無法寫入資料　(B)電腦關機後儲存的資料會消失　(C)寫入資料後無法再修改　(D)和電腦整體的效能無關。

(　) 2. 下列敘述何者正確？　(A)可將資料寫入DRAM，無法將資料寫入SRAM　(B)DRAM可當作快取記憶體(Cache Memory)　(C)電腦電源關閉時SRAM的資料不會消失　(D)DRAM的價格比SRAM低。

(　) 3. 電腦賣場所列出的電腦規格1TB硬碟10000轉、Intel-Core i7-3930K 3.2G、4GB DDR4中，主記憶體插槽的接腳數為？　(A)72　(B)168　(C)184　(D)240。

(　) 4. 索隆在自家的電腦專賣店前大喊著：「來，來，來，DDR4跳樓大拍賣，只要裝了它，能夠讓你的設備馬上升級喔，要買要快！！」剛好路過的羅賓心中馬上有了疑問：「到底DDR4是什麼東西呢？」　(A)一種電子標籤，使用無線電波作資料訊號傳遞，所以稱之為無線射頻識別

系統　(B)一種匯流排介面，採用串列傳輸　(C)DRAM的一種，可用來暫存指令和資料　(D)使用於數位相機或掃描器的感光元件。

( ) 5. 快取記憶體(Cache Memory)具有存取速度快、減少CPU對記憶體存取次數增加電腦執行速度的特性，通常其組成的元件為何？
(A)SRAM　(B)DRAM　(C)Flash Memory　(D)硬碟。

( ) 6. 關於唯讀記憶體(ROM)的敘述，下列何者是正確的？
(A)可讀取及寫入資料，電源消失資料會保留　(B)用來儲存執行中的程式和資料　(C)Flash ROM中的資料可重複寫入及清除　(D)一般個人電腦所稱的主記憶體指的是ROM。

( ) 7. 有關快閃記憶體(Flash Memory)的敘述，下列何者正確？
(A)是ROM晶片的一種，可以用來儲存BIOS　(B)是ROM晶片的一種，不可以用來儲存BIOS　(C)是RAM晶片的一種，可以用來儲存BIOS　(D)是RAM晶片的一種，不可以用來儲存BIOS。

( ) 8. 儲存在Flash ROM的資料，可以如何處理？　(A)可讀不可寫　(B)電源消失資料不會保留　(C)只能儲存圖片　(D)可在電腦開機時透過程式修改。

( ) 9. 數位相機在電源關閉後照片仍會保留，也可以清除，主要是因為使用哪一種材質的記憶體？　(A)硬碟　(B)Flash ROM　(C)Cache Memory　(D)SRAM。

APP 解答

1	B	2	D	3	D	4	C	5	A	6	C	7	A	8	D	9	B

Smart 解析

3. 主記憶體為4GB DDR4，插槽的接腳數為288。

單元 29. 記憶體的比較

單元名稱	單元內容	109	110	111	112	考題數	總考題數
記憶體的比較	記憶體存取速度	1	0	0	0	1	3
	RAM與ROM	1	1	0	0	2	

1. 記憶體存取速度

存取速度由快而慢依序為：

暫存器(Register)＞快取記憶體(Cache memory L1＞L2＞L3)＞**DRAM**(DDR4＞DDR3＞DDR2)＞硬碟＞隨身碟＞光碟＞軟碟。

2. 軟體執行時指令載入的順序

輔助記憶體→**DRAM**→快取記憶體(L3→L2→L1)→**CPU**內暫存器。

3. RAM與ROM比較

比較項目	RAM	ROM
讀寫資料	可讀可寫	可讀不可寫
關閉電源	資料會消失，具揮發性	資料不會消失，不具揮發性
主要用途	暫存執行中的程式和資料	永久存放**POST**、BIOS

4. 主記憶體與輔助記憶體比較

比較項目	主記憶體	輔助記憶體
速度	快	慢

單位成本	高	低
容量	小	大
主要類別	RAM、ROM	軟碟、硬碟、光碟、隨身碟

5. 虛擬記憶體與虛擬磁碟機

比較項目	虛擬記憶體	虛擬磁碟機
方式	將硬碟空間當作主記憶體用(提供連續的空間位址)	將主記憶體空間當作磁碟用
存取速度	低於主記憶體	高於硬碟
功能	彌補主記憶體空間不足	加快存取資料速度

6. 資料緩衝區(Buffer)

當資料量大增產生壅塞時，協助流量控管的**暫時儲存區**，通常用於高速網路交換器、網路共用印表機、光碟燒錄器等。

PLAY 考題

羅賓教授介紹完CPU、主記憶體與輔助記憶體等單元後進行隨堂考試，提出以下五個問題讓同學搶答，看看誰能得到大滿貫呢？

( ) 1. 索隆參加電腦組裝DIY競賽並獲得第一名殊榮，廠商提供免費升級的機會，可從DRAM、快取記憶體、硬碟、暫存器(Register)四種不同存取速度的裝置中選出一項進行改造。請問索隆該選哪一項升級才是首選？
(A)DRAM (B)快取記憶體 (C)硬碟 (D)暫存器。

( ) 2. 輔助記憶體中，哪一種裝置的速度最慢？
(A)軟碟 (B)隨身碟 (C)光碟 (D)硬碟。

( ) 3. 暫存器、隨身碟、硬碟、光碟、快取記憶體的存取速度中，快於DRAM的存取速度的共有幾項？

(A)5　(B)2　(C)3　(D)4。

( ) 4. 下列敘述何者正確？　(A)RAM及ROM皆可讀取及寫入資料　(B)BIOS主要儲存於ROM中　(C)電腦電源關閉後，所有記憶體中的內容都會消失　(D)主記憶體存取速度及容量都高於輔助記憶體。

( ) 5. 宅男喬巴成天都窩在房間裡打電動，高規格及執行速度快的電腦設備是打敗天下無敵手的最佳利器。他為了讓電腦能順利執行需使用大量主記憶體空間的電腦遊戲，除了購買更多的記憶體之外，還可以使用下列哪一種方式來彌補主記憶體空間的不足？　(A)快取記憶體　(B)虛擬磁碟機　(C)虛擬記憶體　(D)資料緩衝區。

APP 解答

1	D	2	A	3	B	4	B	5	C

Smart 解析

1. 記憶體存取速度：暫存器(Register)>快取記憶體>DRAM>硬碟。
2. 輔助記憶體存取速度：硬碟>隨身碟>光碟>軟碟。
3. 快於DRAM的存取速度的有暫存器、快取記憶體2項。
4. (A) ROM只能讀取不能寫入資料。
   (C) 電腦電源關閉後，ROM的內容不會消失。
   (D) 主記憶體容量小於輔助記憶體。

單元 30. 物聯網、人工智慧

單元名稱	單元內容	109	110	111	112	考題數	總考題數
物聯網、人工智慧	物聯網	0	0	3	0	3	3
	人工智慧	0	0	0	0	0	

1. 物聯網(IoT, Internet of Things)

(1) 物聯網最簡單的概念，就是將萬物連結上網。

(2) IBM提出**智慧地球**(Smarter Planet)的概念，將感測器、網際網路、雲端運算、行動通訊等科技結合建構為**智慧城市**(Smarter City)，被視為物聯網的具體雛型。

(3) **智慧物聯網(AIoT)**就是將**人工智慧**結合**物聯網**，由數據分析得到決策依據，經過智慧學習之後提出全新服務。

(4) 隨著**行動裝置**與**車載通訊**被大量使用，移動式的特性也讓物聯網可視為一種**動態連結的全球網路基礎設備**。

(5) **邊緣運算**(Edge Computing)：能使物聯網提供更有效率的回應服務，在資料來源的位置就近運算分析，大幅減少延遲現象。

(6) **U-Taiwan計畫**：「U」是無所不在(Ubiquitous)的意思，希望網路環境能達到**4A**(Anytime、Anywhere、Anything、Anyone)的願景。

2. 物聯網的架構

依據歐洲電信標準協會(ETSI)的定義，物聯網的架構分成3層：

架構	說明
應用層	• 將感知層蒐集來的資料，運用人工智慧、雲端運算、資料探勘等進行數據分析，**提供特定需求的功能與服務**。

架構	說明
網路層	• 透過各式通訊技術**回傳來自感知層的量測數據**，以及**發送中央管控系統運算後的執行指令**。 • 通訊技術：**行動通訊**(4G/5G)、**無線網路**(Wi-Fi)、藍牙(Bluetooth)、ZigBee。
感知層	• 由各式感測零件(Sensor)所構成，**具有物理性偵測能力與量測技術**。 • 量測對象：震動、溫度/濕度、距離、圖像、聲音。 • 量測技術：**QR Code**、**RFID**、**NFC**、**影像辨識**、GPS。

3. 人工智慧(AI, A rtificial Intelligence)

(1) 讓電腦能模擬出人類的思考模式，也能展現出學習、記憶、推理以及問題解決的能力。

(2) 實現人工智慧常見的技術有**類神經網路**、**機器學習與深度學習**，關聯圖如右所示。

(3) 人工智慧的應用領域：**專家系統**、**影像辨識**、**語音助理**、**生物特徵識別**、**自動駕駛**、**大數據分析**等。

(4) 依據人工智慧實現的程度，分成兩種等級：

- **弱AI**：此系統只專注於單一特定的技術領域，能展現出相當或更勝人類的表現。例如：語音助理Siri、掃地機器人。
- **強AI**：此系統具備與人類相當的認知理解與行為表現。例如：AlphaGo圍棋。

PLAY 考題

香吉士在海上心繫著美味蟹堡的生產狀況，現在透過物聯網監看系統，可以看到生產線上的資訊圖表與即時影像，就如同親臨現場。甚至，透過人工智慧讓機器人語音客服進行線上銷售，良好的諮詢互動更是大幅提升營業額。

(　) 1. 下列何者為物聯網的英文名稱？ (A)Interconnection of Things (B)Internet of Telecommunications (C)Internet of Things (D)Interconnection of Telecommunications。

(　) 2. 歐洲電信標準協會(ETSI)將物聯網分為哪三個階層？
(A)連結層、網路層、應用層 (B)感知層、網路層、應用層 (C)感知層、傳輸層、應用層 (D)感知層、網路層、連結層。

(　) 3. 具有物聯網(IoT)的物品或裝置常具有移動需求，若要支援此一通訊特性，所搭配的網路技術中下列何者較合適？
(A)分散式運算 (B)網格運算 (C)物件動態連結 (D)公用運算。

(　) 4. 有關物聯網之應用層的敘述，下列何者正確？ (A)提供山區訊號傳輸 (B)可用於感測室內溫溼度數值 (C)負責將觀測站的氣象資訊傳到雲端 (D)可提供智慧農業之自動灑水應用。

(　) 5. 下列何者不是人工智慧的應用領域？ (A)生物特徵識別 (B)語音助理 (C)影像辨識 (D)人工駕駛。

(　) 6. 下列何者不是人工智慧常見的相關技術？ (A)機器學習 (B)智慧城市 (C)深度學習 (D)類神經網路。

APP 解答

1	C	2	B	3	C	4	D	5	D	6	B

Smart 解析

3.(A) 分散式運算：主機將需要大量計算的資料，切割成小工作後，分散給其他伺服器運算，再將結果彙集後回應

(B) 網格運算：藉由整合大量分散各地的電腦閒置資源，共同運算來減少處理時間

(D) 公用運算：企業或機構減少自行增購，轉向租借其他企業閒置的網路設備，以便因應短期需要擴增的網路服務量能。

統一入學測驗模擬試題（三）

單元21～30	得
班級：＿＿＿＿　姓名：＿＿＿＿＿　座號：＿＿＿	分

本試卷共25題，每題4分，共100分

(　) 1. 下列檔案格式中，哪一種不是Google Docs文件雲端服務可支援的檔案格式？　(A) . docx　(B) . epub　(C) . mp 4　(D) . odt。

(　) 2. 下列哪一種操作不會有感染電腦病毒的疑慮？　(A)網路上下載免費軟體　(B)拷貝別人隨身碟中的檔案到自己的電腦　(C)加裝8GB的主記憶體　(D)開啟朋友寄來的電子郵件。

(　) 3. 郵局所提供的自動提款機不適合使用何種作業方式？　(A)即時處理　(B)離線處理　(C)交談式處理　(D)分散式處理。

(　) 4. 高速公路電子收費系統(ETC)是下列何種傳輸技術的應用？　(A)RFID(無線射頻識別系統)　(B)Ir(紅外線通訊)　(C)FTTH(光纖到府)　(D)Bluetooth(藍牙)。

(　) 5. 下列哪一個不是網際網路的服務項目？　(A)E-mail　(B) WWW　(C)AI　(D)FTP。

(　) 6. 香吉士不小心開啟了來路不明的電子郵件附加檔案，結果很不幸的導致線上遊戲的寶物全被盜光了。請問香吉士應該是遇到下列哪一種網路攻擊？　(A)阻斷服務攻擊(DoS)　(B)網路釣魚(Phishing)　(C)特洛伊木馬(Trojan Horse)　(D)跨站指令碼攻擊(XSS)。

(　) 7. 下列哪一種儲存媒體或設備不是採用快閃記憶體(Flash Memory)？　(A)數位相機的記憶卡　(B)SSD固態硬碟　(C)DDR4記憶體模組　(D)主機板上的BIOS。

(　) 8. 下列何者不是預防所病毒的好方法？　(A)良好的瀏覽習慣　(B)培養資安意識　(C)資料妥善備份　(D)隔離感染裝置。

(　) 9. 網路聊天室中，網友交談的內容通常都使用何種方式來處理？　(A)即時處理　(B)離線處理　(C)批次處理　(D)分散式處理。

(　)10. 魯夫和哥哥艾斯分開了許久，一直無法踫面，幸好能用Skype得知彼此的近況。請問Skype是哪一種網路服務的應用？　(A)VoIP　(B)Blog　(C)Telnet　(D)BBS。

(　)11. 下列何者不是網際網路服務供應商(ISP)？　(A)中華電信　(B)台灣固網　(C)遠傳大寬頻　(D)Yahoo!奇摩。

(　)12. 關於隨機存取記憶體(RAM)的敘述，下列何者是錯誤的？
(A)可讀取及寫入資料，電源消失資料會消失
(B)SRAM(靜態隨機存取記憶體)需週期性充電，速度較DRAM(動態隨機存取記憶體)快
(C)一般個人電腦所稱的主記憶體指的是DRAM
(D)CPU要執行程式或存取資料時，必須先載入至RAM中。

(　)13. 魯夫為了尋找「海賊王」羅傑所埋藏的大秘寶「One Piece」，特別在佛夏村建立了一個裝有超級電腦的資訊中心，讓所有的消息都能透過輪流使用超強的電腦CPU，同時進行數個資料處理及分析。這類的作業方式是屬於下列哪一種？　(A)整批處理　(B)即時處理　(C)分散式處理　(D)分時處理。

(　)14. 下列有關物聯網的敘述，何者有誤？　(A)萬物皆能連結上網　(B)可以透過邊緣運算使物聯網提供更有效率的回應服務　(C)英文簡稱為IoT　(D)QR Code的辨識技術是屬於應用層的架構。

(　) 15. 魯夫一伙人航向「新世界」希望之路，樂園「魚人島」，他將一路拍攝的冒險影片儲存在雲端空間中，試問下列何者非雲端儲存服務？ (A)iCloud (B)WhatsApp (C)DropBox (D)Google Drive。

(　) 16. 下列有關物聯網的敘述，何者不正確？
(A) 物聯網的架構通常包含感知層、網路層與應用層
(B) 物聯網主要是處理大數據分析，並不會涉及個人隱私
(C) 透過5G的高速行動數據網路，物聯網的應用將會更加廣泛
(D) 常見的智慧家庭與車聯網情境即是物聯網的應用案例。

(　) 17. 乙太網路的架構一般使用於何種場合？ (A)WAN (B)ADSL (C)LAN (D)GPS。

(　) 18. 所謂人工智慧物聯網(AIoT)，是指人工智慧技術 AI 與三大新興技術跨領域整合應用，下列敘述何者有誤？ (A)生成式AI (B)大數據(big data) (C)邊緣計算(雲計算)(cloud computing) (D)物聯網(IoT, Internet of things)

(　) 19. 下列有關網路硬體設備功能的敘述，何者是錯誤的？
(A) 路由器(Router)：找出傳輸資料最佳路徑
(B) IP分享器：提供多個使用者共用一個網路連線帳號
(C) 數據機(Modem)：轉換電話線路的數位訊號與電腦的類比訊號
(D) 集線器(Hub)：可連接多個工作站或伺服器。

(　) 20. 下列關於電腦設備的敘述，何者錯誤？
(A) 傳統硬碟(HDD)的轉速(RPM)值愈高，資料傳輸效能愈好
(B) 磁碟機可以使用HDMI線傳輸資料
(C) LCD顯示器的背光模組負責提供光源，透過液晶體顯示影像
(D) 筆電可以使用USB外接行動硬碟。

(　)21. 下列關於虛擬記憶體的敘述，何者錯誤？
(A)虛擬記憶體是將硬碟空間當作主記憶體使用
(B)存取速度高於主記憶體
(C)可用來彌補主記憶體空間不足
(D)存取速度低於快取記憶體。

(　)22. 網路上流行的「團媽」模式，是屬於哪一種型態的電子商務？ (A)C2C (B)C2B (C)B2C (D)B2B。

(　)23. 下列哪一種規格的乙太網路是採用光纖做為其傳輸媒體？ (A)10Base5 (B)100BaseT (C)100BaseFX (D)1000BaseCX。

(　)24. 行動通訊技術不斷進步，下列關於4G和5G的敘述何者錯誤？
(A)傳輸的延遲5G比4G更高
(B)所需的通訊衛星數量5G比4G更多
(C)以傳輸速率來說，每秒鐘可以傳遞的位元數5G比4G更高
(D)傳輸的頻寬範圍5G比4G更寬。

(　)25. RAM與ROM皆具有下列哪一種特性？ (A)可讀可寫 (B)電源關閉資料不會消失 (C)存取速度高於硬碟 (D)用來暫存資料。

單元 31. 運算思維與程式設計

單元名稱	單元內容	109	110	111	112	考題數	總考題數
運算思維與程式設計	運算思維	0	0	2	0	2	3
	程式設計	0	0	1	0	1	

1. 運算思維(computational thinking)

(1) 運用**電腦科學**的基礎概念來協助解決問題、設計系統以及理解人類行為。

(2) 運算思維有助於理解電腦如何思考和執行指令，進而選擇合適的程式語言作為解決問題的工具。

(3) Google認為運算思維是**利用運算工具來解決問題的歷程**。先將問題拆解成較小的問題，並找出資料的關聯性，提出最重要的核心概念，然後建構一套解決問題的方法。

2. 演算法(Algorithm)

(1) 以**文字敘述**或**圖形表示**方式，說明解決問題的先後順序和步驟。

(2) 有助於程式碼**除錯**(Debug)，容易維護他人撰寫的程式。

(3) 演算法的特性：

- **明確性**：步驟必須清楚明確。
- **有效性**：命令可以有效執行。
- **有限性**：能夠在有限的步驟內完成。

3. 虛擬碼

(1) 描述演算法的一種方法，**並非一種實際存在的程式語言**。

(2) 用人們平時說話的口吻將程式的任務說出來，不須拘泥於明確的程式碼運作。

4. 程式設計的步驟

分析→設計→撰寫→測試→維護。

5. 流程圖(Flowchart)

用特定的圖形符號表達解決問題的程序，常用的流程圖符號如下：

符　號	名稱及意義	使用範例
	開始或結束符號	 開始　結束
	輸入或輸出符號	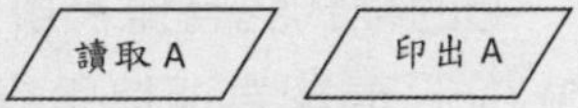 讀取 A　印出 A
	處理符號	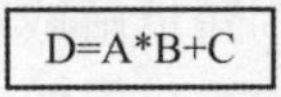 D=A*B+C
	決策判斷符號	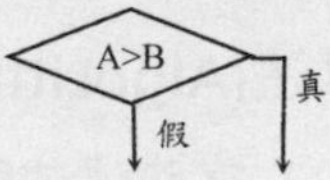 A>B 真 假
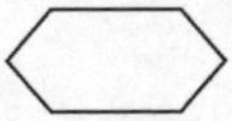	迴圈符號	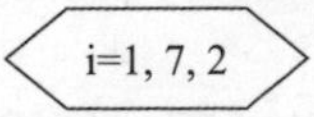 i=1, 7, 2
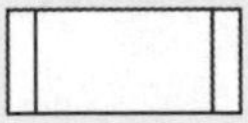	副程式	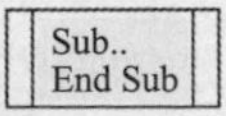 Sub.. End Sub
	流向符號	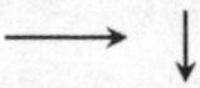 → ↓
	連接符號	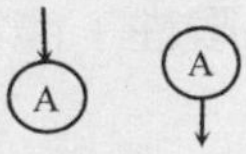 A　A
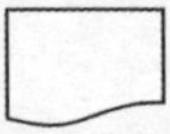	列印符號	 印報表

6. 結構化程式

(1) 每種結構都是**單入口／單出口**，避免使用無條件跳躍的敘述。

(2) 採用**模組化**程式設計，降低程式的複雜性，使程式易於維護。

(3) 使用三種基本控制結構：**循序**(順序)、**選擇**(決策)、**重複**(迴圈)。

① 循序(順序)　　② 選擇(決策)

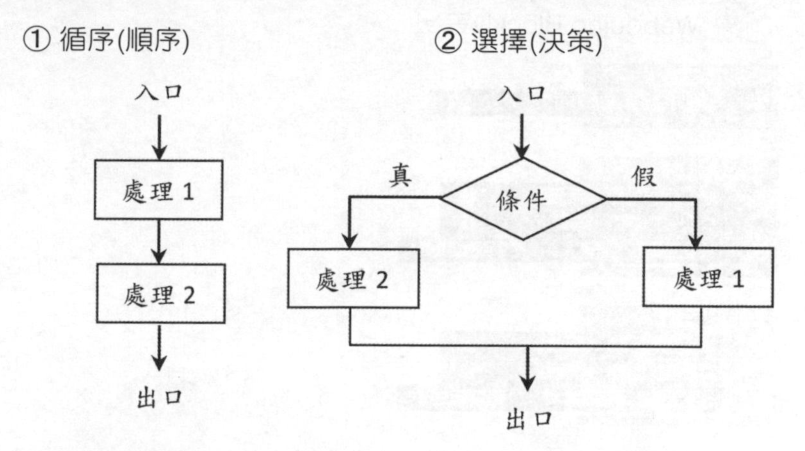

③ 重複(迴圈)

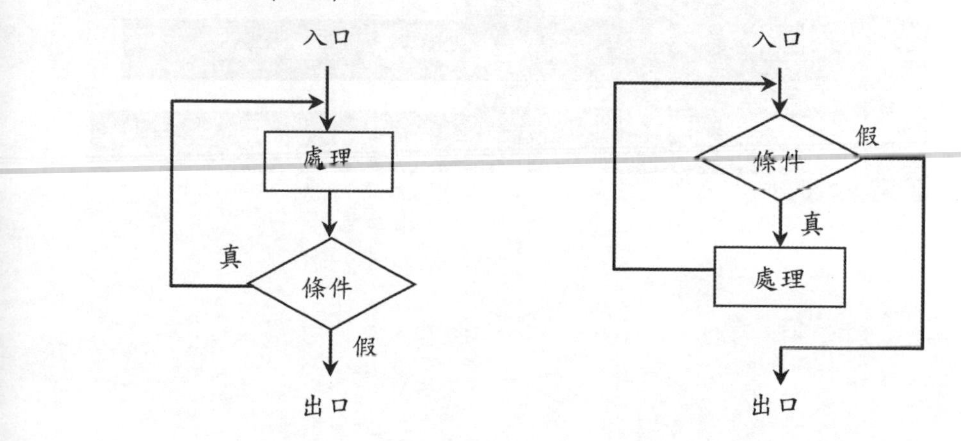

7. 積木程式

(1) 是一種**視覺化程式設計語言**，又稱為**圖控軟體**。用圖像化的積木取代英文指令撰寫。

(2) 直接由拖曳積木的連結順序來決定控制結構，能立即驗證成果，可縮短編譯與除錯時間。

(3) 常見的積木程式：**Scratch**、**Blockly**、**App Inventor**、**micro:bit**、**mBlock**、**ArduBlock**、motoBlockly、Webduino Blockly等。

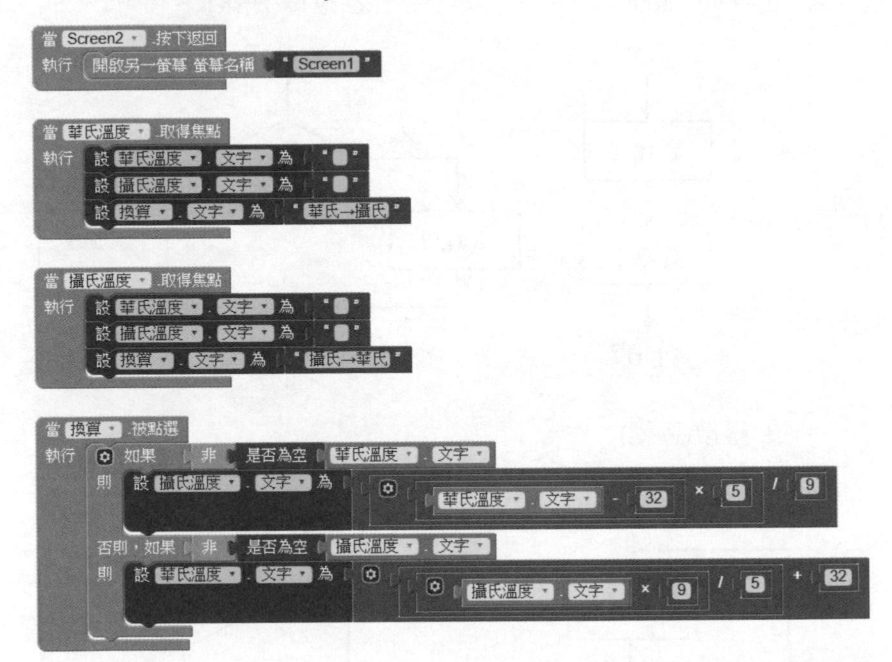

PLAY 考題

喬巴發現運用運算思維中的問題拆解、模式辨識、抽象化與演算法設計步驟後，對於繪製流程圖以及撰寫程式有很大幫助。原來，掌握問題解決的要領，就能獲得事半功倍的效益。

( ) 1. 針對結構化程式設計的敘述下列何者不正確？ (A)每個結構都是單一入口和出口，追蹤程式碼更容易 (B)少用無條件跳躍敘述，程式維護更容易 (C)程式模組化可能使得程式碼變短、可讀性更高 (D)模組化程式設計，使得不同的程式設計師更難以理解其複雜性。

( ) 2. 下列何者不是運算思維的分析步驟？ (A)問題拆解 (B)模糊化 (C)演算法設計 (D)模式辨識。

( ) 3. 若要選購一台電競使用的筆記型電腦，有多項硬體規格需要考慮，此時應使用何種流程圖符號來表示？
(A)⬭ (B)▭ (C)◇ (D)⬡。

( ) 4. 如果要設計一個連續輸入整班成績的程式，此時應使用何種流程圖符號來表示？
(A)⬭ (B)▭ (C)◇ (D)⬡。

( ) 5. 下列何者不是演算法的特性？
(A)無限 (B)有效 (C)明確 (D)輸入與輸出。

APP 解答

1	D	2	B	3	C	4	D	5	A

單元 32. 影像處理

單元名稱	單元內容	109	110	111	112	考題數	總考題數
影像處理	數像處理	0	0	0	0	0	2
	PhotoImpact操作	0	2	0	0	2	

1. 影像處理

圖像在電腦上編輯、修改的過程。

2. 影像擷取設備

數位相機(DC)、數位單眼相機(DSLR)、數位攝影機(DV)、繪圖板、掃描器。

3. 影像輸出設備

螢幕、印表機及繪圖機。

4. 影像處理軟體

(1) **點陣圖**：PhotoImpact(*.ufo)、Photoshop(*.psd)。

(2) **向量圖**：Illustrator(*.ai)、CorelDRAW(*.cdr)、Inscape (*.SVG)。

5. 視窗擷取

在Windows作業系統中，按鍵盤的 PrintScreen 鍵可將全螢幕畫面擷取至剪貼簿，按 Alt + PrintScreen 鍵則是擷取目前工作視窗。

6. PhotoImpact常用面板

圖層管理員、選取區管理員、文件管理員、瀏覽管理員、百寶箱、快速指令區、工具設定面板。

7. PhotoImpact選取工具

選取工具	圖示	顯示效果
標準		建立固定形狀的選取區。
套索		選取不規則形狀的範圍。
魔術棒		選取色彩相近的區域。
貝茲		修改選取區的細部藉以修正選取區的範圍。

※ 選取屬性工具列中的 + 鈕，是以「**加入**」的方式改變現有的選取區；− 鈕則是以「**減掉**」的方式改變現有的選取區。

8. PhotoImpact繪圖工具

選取工具	圖示	顯示效果
路徑繪圖		繪製**實心**且封閉的幾何向量圖形。
輪廓繪圖		繪製**空心**且封閉的幾何向量圖形。
線條與箭頭		繪製直線、箭頭或彎曲**線條**。
路徑編輯		編輯現有的**物件路徑**，藉由節點的調整，創造新的物件造型。

9. PhotoImpact剪裁與變形工具

(1) **影像剪裁**：可將部分不需要的影像刪除。

(2) **變形工具**：可以改變物件大小和旋轉物件的方向。

10. PhotoImpact相片美化

(1) **移除紅眼**：將眼球反射閃光燈後的紅眼消除。

(2) **修容工具** 與**仿製工具**：複製近似的材質以修飾不理想處或重製影像。利用Shift鍵設定仿製點(仿製中心點是以十字標記)，拖曳游標即可複製。

(3) **色彩填充工具**：包含單一色彩填充、線形、矩形及橢圓形漸層填充或材質填充。

(4) **色彩選擇工具** ：點選影像上的顏色。

(5) **亮度與對比**：選取『相片／光線／亮度與對比』，可以補強亮度，增加亮面與暗面的反差效果。

(6) **色相與彩度**：選取『相片／色彩／色相與彩度』，可以更改影像的色相及色彩鮮艷的程度。

11. PhotoImpact影像特效

(1) **百寶箱**：內建的影像特效，只需幾個簡單的步驟即可完成，有圖庫與資料庫兩部分。

(2) **遮罩**：可以製作圖層遮罩。在**遮罩模式** 下只能用**灰階值**做編輯，黑色代表透明度為**100%**，呈現**完全透明**的狀態，白色代表透明度為**0%**，呈現**不透明**的狀態。

(3) **智慧型合成**：選取『相片／智慧型合成』，可以輕易的合成多張影像。

(4) **網頁元件設計師**：功能表『網路』中有**元件設計師**、**背景設計師**及**按鈕設計師**，可輕易完成製作網頁時所需要的網頁元件。

PLAY 考題

海賊王趁著邊境解封，帶著粉絲團來到夏威夷群島的海灘進行外拍，拍攝的成果正好能趕上觀光局舉辦的攝影大賽，大獎除了百萬獎金外，還能擔任無人島的一日島主。這場攝影大賽共分為原創組與創意組，原創組的作品僅可進行色彩明暗或飽和度的調校，以呈現真實所見。創意組的作品，則可透過數位修圖的各式技巧來合成作品。兩組參賽者，均限制使用主辦單位配發的筆記型電腦，內建有安裝好授權的PhotoImpac 軟體進行後製編修。

(　) 1. 這次海賊王出任務，用手機拍了一些相片，晃動的海面導致效果不是很好，可利用下列哪一種軟體加以編修？ (A) FrontPage (B) Excel (C) PhotoImpact (D) WinAmp。

( ) 2. 在Windows作業系統中，要按什麼鍵來擷取整個螢幕的畫面？ (A) Ctrl + Shift (B) Alt + PrintScreen (C) PrintScreen (D) Ctrl + Alt + Del 。

( ) 3. 在PhotoImpact中，當基底影像上有多個影像物件時，可以利用下列哪一個面板來管理這些影像物件？
(A)工具箱 (B)檔案總管 (C)百寶箱 (D)圖層管理員。

( ) 4. 在PhotoImpact中，按下列工具箱中的哪一個工具鈕，可改變影像物件的大小或方向？
(A) (B) (C) (D) 。

( ) 5. 在PhotoImpact中，按下列哪一個工具鈕，可在影像中加入文字？ (A) (B) (C) (D) 。

( ) 6. 在PhotoImpact的遮罩模式中，使用下列哪一種色彩可以建立透明的選取區域？
(A)白色 (B)灰色 (C)黑色 (D)紅色。

( ) 7. 愛漂亮的漢考克拍了一張沙龍照，希望能吸引魯夫的注意，把照片上的臉修得光滑透亮，準備放上FB。請問PhotoImpact的哪一項功能可以做到？
(A)白平衡 (B)遮罩 (C)修容工具 (D)智慧型合成。

( ) 8. 漢考克將自己和魯夫的照片合成，想製作成一張復古的紀念照，請問PhotoImpact的哪一項功能可以將彩色照片改成復古的單色照片？
(A)亮度 (B)彩度 (C)色相 (D)對比。

APP 解答

1	C	2	C	3	D	4	A	5	D	6	C	7	C	8	B

Smart 解析

2.(A) Ctrl + Shift ：切換中文輸入法。
(B) Alt + PrintScreen ：擷取工作視窗內容。
(D) Ctrl + Alt + Del ：開啟「工作管理員」，可結束沒有回應的程式。

單元 33. 網路犯罪

單元名稱	單元內容	109	110	111	112	考題數	總考題數
網路犯罪	網路犯罪	0	0	2	0	2	2

1. 網路犯罪

(1) 利用網路及電腦作為犯罪工具、途徑、場所之行為。

(2) 網路犯罪類型，如：入侵或干擾他人電腦、製作惡意軟體、網路誹謗、公然侮辱、網路恐嚇、網路援交、網路詐欺、散布色情圖文物品、侵犯網路智慧財產權、網路違法交易等。

(3) **內政部**為打擊網路犯罪，取締網路上不法行為，特別成立**刑事局偵九隊**單位。

2. 網路霸凌(Cyberbullying)

指透過網路管道(如：社群網站、即時通)，以圖文、影片等方式惡意欺負或排擠他人的行為。霸凌行為可分為**關係(刻意排擠)**、**言語**、**肢體**、**性**、**反擊型**、**網路**等六大類。

3. 網路沈迷的預防方法

學習自我時間的管理，訂定網路使用的規範，不參與暴力、色情的線上遊戲及網站。

4. 網路交友的正確觀念

上網的動機和心態要正確，多與家人討論、冷靜判斷，勿和網友有金錢往來，也不將私人資料輕易透露給網友。

5. 遊戲軟體分級

經濟部依「兒童及少年福利與權益保障法」第四十四條第二項訂定「遊戲軟體分級管理辦法」，遊戲軟體依其內容分為下列五級：

(1) 限制級(簡稱限級)：十八歲以上之人始得使用。

(2) 輔導十五歲級(簡稱輔十五級)：十五歲以上之人始得使用。

(3) 輔導十二歲級(簡稱輔十二級)：十二歲以上之人始得使用。

(4) 保護級(簡稱護級)：六歲以上之人始得使用。

(5) 普遍級(簡稱普級)：任何年齡皆得使用。

6. 個人隱私保護

每個人都有權利決定自己的個人資料是否提供他人使用，如：姓名、電話、住址、生日、身分證號碼、病歷資料、財務狀況…等。

(1) 個人資料保護法(個資法)：保護個人資料，避免隱私權受侵害的法規。

(2) 在網路上輸入個資時要提高警覺，並避免留下瀏覽歷史紀錄。

(3) 防止惡意程式入侵以及網路社群詐騙。

PLAY 考題

香吉士自從網路開店後，發現自己所學專業不足，所以找來好友娜美、艾斯一起就讀海賊王資訊學院，娜美很喜歡網路行銷的課程，花費很多心思企劃一份用IG進行社群行銷的專題報告；艾斯則對線上遊戲過度著迷，還時常因為熬夜打電玩而錯過白天的課程，警告通知寄回家後讓家人非常擔憂。

( ) 1. 香吉士老是喜歡在班上欺負娜美，火大的娜美趁上課偷拍香吉士打瞌睡的樣子，將照片PO到Facebook上，公告大家香吉士是一隻惡魔豬。請問娜美已經侵犯了下列哪一種網路罪行？ (A)公然侮辱 (B)網路詐欺罪 (C)網路智慧財產權 (D)散布不法或猥褻物品。

( ) 2. 香吉士很擅長影像處理，於是將人見人愛的漢考克小姐與脫星照片合成後，PO在網路上販賣。香吉士此舉肯定違法，但是他並未侵犯下列哪一種網路罪行？ (A)網路色情 (B)網路恐嚇 (C)網路智慧財產權 (D)散布不法或猥褻物品。

( ) 3. 艾斯的媽媽希望艾斯不要陷入網路沈迷的漩渦，請問下列哪一個不是好方法？ (A)遇到問題或挫折時，艾斯要自己懂得到網路上找避風港 (B)艾斯和媽媽一起訂定網路使用規範，做好時間管理 (C)艾斯的媽媽規劃多元的家庭休閒活動，讓艾斯參與 (D)過濾艾斯喜歡的線上遊戲。

( ) 4. 經濟部訂定的「遊戲軟體分級管理辦法」中，規範遊戲軟體依其內容分成幾級？ (A)3 (B)5 (C)4 (D)2。

( ) 5. 娜美最近在網路上認識了一個新朋友，但雙方從未見過面，此時娜美應採取下列何種行為，才可以防止被網友詐騙？ (A)透漏個人資料，求取親近 (B)一認識，立刻和網友約見面 (C)仔細求證，不盲目相信網友 (D)約見面時要單獨赴約。

( ) 6. 下列何者不是屬於個人隱私保護的範疇？ (A)人人具有基本決定個資被使用與否的權利 (B)勿在網路上下單購買商品 (C)要給個人資訊時必須三思而後行 (D)公用電腦上盡量避免輸入個人資訊。

APP 解答

1	A	2	B	3	A	4	B	5	C	6	B

單元34 電腦網路硬體概念、網路伺服器

單元名稱	單元內容	109	110	111	112	考題數	總考題數
電腦網路硬體概念、網路伺服器	傳輸媒體	0	0	0	0	0	4
	網路硬體設備	0	0	0	0	0	
	網路佈線	1	0	0	0	1	
	網路伺服器	0	1	0	0	1	

1. 有線傳輸媒體

(1) **雙絞線(Twisted Pair)**：由四對兩芯螺旋纏繞的細銅線組成，採用RJ-45接頭，是現今最常見的佈線方式，具有線材便宜、容易安裝且方便維護的特性。線材有9種等級(Category 1~5，5e、6~8)，等級愈高支援的傳輸率就愈高。如：**電腦區域網路、數據機房**。

(2) **同軸電纜(Coaxial Cable)**：由單芯銅線來傳遞訊號，銅線外有包覆絕緣體及金屬網狀層以隔絕雜訊，最外層還有塑料絕緣層保護，依線徑分粗同軸電纜(RG-11)、細同軸電纜(RG-58)，採用BNC接頭。因傳輸距離越長時，訊號會有較高衰減量，所以多用於**小型區域網路、無線通信使用**。

(3) **光纖(Optical Fiber)**：由玻璃纖維來傳遞光源訊號，將數十或數百條單模光纖束管包覆後，適合遠距離使用，具傳輸量大、安全性高的特性，常作為網路傳輸骨幹。如：**1000Base-X乙太網路、海底電纜**等。

2. 無線傳輸媒體

(1) 無線電波(Radio waves)：用空氣傳遞不同頻率波長的電磁訊號，**可穿透障礙物、無傳輸角度的限制**。如：廣播、藍牙、RFID、Wi-Fi、4G(WiMAX、LTE、LTE-A)、5G。

(2) 紅外線(Infrared，簡稱IR)：用紅外線光束(300 GHz至430 THz之間)傳遞訊號，適用在**短距離**設備間的傳輸，**無法穿透障礙物、有傳輸角度的限制**。如：遙控器、無線滑鼠與鍵盤。

(3) 微波(Microwave)：用高頻段的電磁波(300MHz至300GHz之間)，透過碟盤天線以**直線**方式傳送訊號，二點之間**不可以有障礙物**，設立在高山上或透過**衛星中繼站**，可延伸到更遠的距離。如：**GPS衛星電話、SNG新聞轉播車**。

3. 網路硬體設備

設備名稱	功能用途	OSI 運作
閘道器 Gateway	連結不同通訊協定的網路設備。	全部7層
路由器 Router	具有決定資料傳輸順序與最佳路徑選擇(依路由表)功能，串接WAN與LAN網路，在大型或複雜的拓樸架構下，有助提升傳遞效能。	網路層 以下3層
IP分享器 (寬頻分享器)	具有NAT與DHCP Server功能，採動態分配私有IP給連結的電腦使用，能使家中多台電腦同時共用一個合法IP上網，節省固定IP分配數量與費用。	網路層 以下3層

設備名稱	功能用途	OSI 運作
橋接器 Bridge	可連接多個實體層網路，透過訊框(Frame)辨識封包目的地MAC位址，達到**過濾資料封包**的效果，能增進網路效能。	
交換器 Switch	可連接多台設備，允許同時**兩對以上的**設備同時交換訊息，且能**降低資料碰撞**的發生。	
網路卡 NIC	使電腦連接網路的介面卡，每片網路卡都有唯一的一組**MAC Address**(網路卡實體位址，**由6組數字組成**，每組數字佔1Byte)。	資料連結層 以下2層
無線網路卡	具備網路卡功能外，分為內建與外接兩種連接方式，外接多為USB規格，常見有藍牙與WiFi 2.4/5G頻段，具備MIMO功能在連線時網速較流暢。	
中繼器 Repeater	負責**強化訊號、數位訊號的整形修補**，以及延長網路傳輸距離。	
集線器 Hub	可連接多台設備，是星狀拓樸的中心設備，具**中央控管、中繼器**的功能。但同一時間僅允許**一對**以設備交換訊息，所以目前已被交換器取代。	實體層
數據機 Modem	負責**數位訊號**(Digital)與**類比訊號**(Analog)的轉換。	

4. 網路佈線(網路拓撲，Topology)

	架構圖	特　色	運用實例
星狀		① 個別電腦採用雙絞線連接至中央控制設備(Hub)集中管理 ② **當中央控制設備故障時，整個網路才會癱瘓** ③ 又稱放射狀網路	10BaseT 100BaseTX **(T-雙絞線)**

	架構圖	特 色	運用實例
樹狀		① 任兩部電腦間只有一條網路線連接 ② 資料進入任一個節點後，會向所有的分支傳遞 ③ 佈線方式是階層性(樹枝狀延伸) **④ 上層線路故障會導致下層癱瘓**	採用集線器的電腦教室網路
網狀		① 設備之間都有兩條以上的線路連接 **② 當某段線路故障，仍可繞經他處進行連線，所以穩定性高** ③ 架構複雜且成本較高 ④ 適用於傳送資料量大的環境	網際網路
環狀	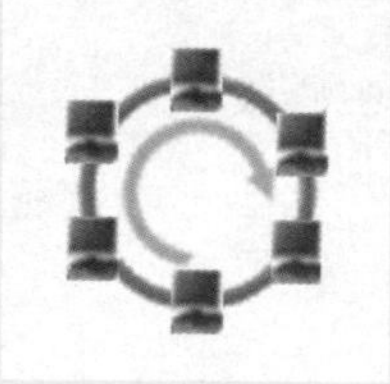	① 用一條纜線串接所有端點設備，形成**單向傳輸**的封閉迴路 ② 透過記號封包(權杖)，決定由誰優先發送資料 **③ 無中央控制設備，任一端點設備故障，就會影響整體網路的運作**	Token Ring網路 FDDI網路
匯流排	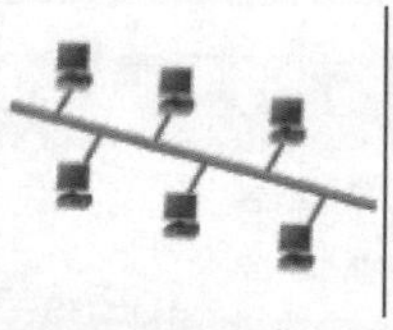	① 用同軸纜線連接所有設備，兩端以終端電阻(Terminator)結束訊號傳遞 ② 採廣播方式將資料發送到網路上的每台電腦 **③ 當個別端點設備故障，不會影響其他設備運作；若同軸纜線故障，則連接在這條線上的電腦都不能運作**	10Base5 10Base2

5. 網路伺服器

(1) File Server：檔案伺服器，用來保存大量資料的伺服器，提供用戶連線檢索或備份檔案使用。例如：保險公司裡的保單資料、政府機關的稅務資料等。

(2) Print Server：列印伺服器，提供高速網路共用列印服務，可避免設備閒置與浪費。

(3) **DNS** Server：網域名稱伺服器，**負責轉換主機網域名稱**(Domain Name)與**IP** 位址的服務。

(4) DHCP Server：動態主機設定伺服器，**負責分配動態IP位址**及相關網路設定給客戶端，例如：ISP使用DHCP服務為撥接到Internet的使用者電腦指定一個IP位址。

(5) **Web** Server：提供**全球資訊網**服務，負責網頁連線，如：公司企業或政府機關架設的官方網站。

(6) Ftp Server：提供大量檔案傳輸服務的伺服器，負責讓用戶端與伺服器之間建立安全且高相容性的連線機制。

(7) **Proxy Server**：**快取伺服器**，功能有二：

- 具有**快取**(Cache)功能，減少重複下載並降低傳輸的負載。
- 可視為**防火牆**(Firewall)保護，用來隱藏自己的內部網路。

PLAY 考題

海賊王資訊學院的網路實驗室，提供有線網路線材與各式網管設備可供同學實作練習，所以魯夫和索隆、娜美、喬巴、香吉士等人，特別預約實驗室來驗證課堂所學，並順利完成羅賓教授所交代的課堂作業。

(　) 1. 下列敘述，何者錯誤？　(A)集線器(HUB)是星狀網路的中心設備，也是樹狀網路的節點　(B)光纖比雙絞線及同軸電纜較不易受電磁波干擾　(C)中繼器(Repeater)可找出資料傳輸的最佳路徑，常作為區域網路與廣域網路連接時的重要橋樑　(D)電話撥接、ADSL上網都是有線網路。

( ) 2. 當我們要前往陌生的地點，已習慣開啟Google地圖協助導航，此APP會啟動GPS(全球定位系統)幫我們事先找出最佳路徑及估算路途時間。請問，GPS是使用下列哪一種傳輸媒體來傳送資料？

(A)紅外線 (B)無線電波 (C)雙絞線 (D)光纖。

( ) 3. 電腦教室採用集線器分層連接多台電腦，請問這是屬於哪一種網路拓撲(Topology)？

(A)匯流排 (B)環狀 (C)樹狀 (D)網狀。

( ) 4. 下列敘述何者錯誤？

(A)中繼器(Repeater)又稱信號加強器，主要的功能是修補、強化訊號

(B)路由器(Router)主要功能是選擇網路傳輸的路徑

(C)閘道器(Gateway)將不同協定間的網路，進行溝通轉換，可以連接兩個不同通訊協定的網路

(D)橋接器(Bridge)主要將頻寬平均分配給各連接埠，達到充分有效使用線路。

( ) 5. 常見的RJ-45接頭是接於網路卡的連接埠上，請問其使用的是何種傳輸媒體？

(A)雙絞線 (B)同軸電纜 (C)光纖 (D)紅外線。

( ) 6. 以下有關網路拓撲(Topology)連接各裝置的方式何者較不適當？

(A)樹狀(Tree)形成一個階層性網路

(B)星狀(Star)通常以中央設備(如：Hub)來連接裝置

(C)環狀(Ring)需使用終端電阻結束佈線

(D)匯流排狀(Bus)以廣播方式傳輸資料。

( ) 7. 下列哪一種伺服器提供網頁快取功能和防火牆功能？

(A)FTP Server (B)Web Server (C)Proxy Server (D) DHCP Server。

( ) 8. 警方正在辦理一宗網路詐騙事件而大傷腦筋，目前已掌握到歹徒上網犯案時所使用的IP位址，但是此獨立IP位址是一家咖啡館。顯然，歹徒是利用咖啡館有開放無線wifi服務，手機連上網時會自動配發動態IP，使得警察無法快速鎖定嫌犯。請問，動態IP位址是由下列哪一種伺服器所負責分配？ (A)DHCP Server (B)FTP Server (C)Print Server (D)Web Server。

( ) 9. 下列哪一種伺服器主要是用來提供檔案下載功能？
(A)Print Server (B)FTP Server (C)Proxy Server (D)Domain Name Server。

( ) 10. 當我們登入任一個搜尋引擎尋找「台中美食」的相關資訊時，這類的服務是由下列哪一種伺服器所提供？
(A)Mail Server (B)Print Server (C)FTP Server (D)Web Server。

APP 解答

1	C	2	B	3	C	4	D	5	A	6	C	7	C	8	A	9	B	10	D

Smart 解析

1.(C) 路由器(Router)可找出資料傳輸的最佳路徑，常作為區域網路與廣域網路連接時的重要橋樑。

4.(D) 集線器(Hub)主要將頻寬平均分配給各連接埠，達到充分有效使用線路。

6.(C) 匯流排狀(Bus)需使用終端電阻結束佈線。

7.(A) FTP Server：檔案傳輸
(B) Web Server：網站資源
(D) DHCP Server：動態主機設定。

單元 35. 資料通訊

單元名稱	單元內容	109	110	111	112	考題數	總考題數
資料通訊	單工、半雙工、全雙工	0	1	0	0	1	2
	並列傳輸、序列傳輸	0	0	0	0	0	
	基頻網路、寬頻網路	0	0	0	1	1	
	傳輸速率	0	0	0	0	0	

1. 資料通訊方式的分類

(1) 依傳輸方向：

項目	特性	應用
單工傳輸	單方向傳輸資料	廣播、電腦將列印資料送到印表機、鍵盤輸入資料到電腦
半雙工傳輸	雙方向傳輸資料，但同一時刻只能單向傳輸	無線電通話機、傳真機、電腦和SATA連結裝置之間傳輸資料
全雙工傳輸	同時可雙方向傳輸資料	電話、手機、數據機、二部電腦之間傳輸資料

(2) 依傳輸方式：

項目	特性	應用
序列傳輸 (Serial)	① **一次只傳輸一個位元 (bit)**。 ② 傳輸速率較慢，成本較低，適合**遠距離傳輸**。	IEEE 1394、USB、HDMI、SATA、PCI-E、RS-232介面(COM1、COM2埠)、PS/2、電腦網路傳輸

項目	特性	應用
並列傳輸 (Parallel)	① 一次同時傳輸數個位元。 ② 傳輸速率快，但因線路多，成本高，適合**短距離傳輸**。	以LPT1埠連接的印表機、主機板上的資料、位址及控制匯流排

(3) 依傳輸訊號：

類別	訊號	特色	實例
基頻網路	**數位**	傳輸時佔用整個頻道，同一時間只能傳輸一種信號。	區域網路中以雙絞線等為傳輸媒體的**乙太網路**
寬頻網路	**類比**	傳輸時用**分頻多工**(FDM)技術，切割成多個頻道。	**ADSL**、有線電視業者網路(**CATV** Network)

2. 傳輸速率

(1) 網路頻寬(Bandwidth)：同一時間內網路線所能傳輸的資料量，**頻寬越大則傳輸速率越快**。

(2) 單位：**bps**(位元/秒，bit per second)，每秒能傳輸的位元數。

單位	傳輸速率
bps	**每秒傳送位元數**
Kbps	1 Kbps ＝ **10^3** bps ＝ 1000 bps
Mbps	1 Mbps ＝ **10^6** bps
Gbps	1 Gbps ＝ **10^9** bps

3. 常見的電腦網路傳輸速率：

<table>
<tr><th colspan="2">類型</th><th colspan="2">規格</th><th>傳輸速率</th></tr>
<tr><td rowspan="9">有線網路</td><td rowspan="3">區域網路</td><td colspan="2">乙太網路(Ethernet)</td><td>10 Mbps</td></tr>
<tr><td colspan="2">高速乙太網路(Fast Ethernet)</td><td>100 Mbps</td></tr>
<tr><td colspan="2">超高速乙太網路
(Gigabit Ethernet)</td><td>1000 Mbps(1 Gbps)</td></tr>
<tr><td rowspan="5">廣域網路</td><td colspan="2">ADSL</td><td>下載/上傳：(下載較快)
2M/64K、5M/384K、
8M/640K</td></tr>
<tr><td colspan="2">T1數據專線</td><td>1.544Mbps</td></tr>
<tr><td colspan="2">E1數據專線</td><td>2.048Mbps</td></tr>
<tr><td colspan="2">T3數據專線</td><td>45Mbps</td></tr>
<tr><td colspan="2">T4數據專線</td><td>274Mbps</td></tr>
<tr><td rowspan="9">無線網路</td><td rowspan="5">區域網路</td><td rowspan="5">Wi-Fi</td><td>802.11b</td><td>11 Mbps</td></tr>
<tr><td>802.11a/g</td><td>54 Mbps</td></tr>
<tr><td>802.11n</td><td>600 Mbps</td></tr>
<tr><td>802.11ac</td><td>6.93 Gbps</td></tr>
<tr><td>802.11ax</td><td>9.6 Gbps</td></tr>
<tr><td rowspan="4">廣域網路</td><td>3G</td><td colspan="2">下載384Kbps，上傳64Kbps</td></tr>
<tr><td>4G</td><td>LTE</td><td>100Mbps</td></tr>
<tr><td>4.5G</td><td>LTE-A Advanced</td><td>1Gbps</td></tr>
<tr><td>5G</td><td>5th-Generation</td><td>10Gbps</td></tr>
</table>

PLAY 考題

娜美家裡的寬頻合約到期，正在煩惱是否該升級網路速度？平時酷愛手機打怪遊戲的傑克聽到這問題，停下手遊正經地回答：一定要升級 ！不然怎麼搶到寶物或裝備？難怪妳永遠搶不到演唱會的票。娜美一聽，這下總算解開心中的謎團了。

( ) 1. 以資料傳輸的方式而言，寬頻網路是屬於下列哪一種？ (A)單工傳輸 (B)半雙工傳輸 (C)全雙工傳輸 (D)並列傳輸。

( ) 2. 印表機以25 pin的LPT1埠連接至電腦主機，其資料傳輸方式為何？ (A)序列傳輸 (B)並列傳輸 (C)全雙工傳輸 (D)半雙工傳輸。

( ) 3. 下列哪一個是電腦網路的傳輸速率單位？ (A)BPS (B)PPM (C)RPM (D)MIPS。

( ) 4. 下列哪一個網路傳輸速率最快？
(A)56000bps (B)640Kbps (C)12Mbps (D)1Gbps。

( ) 5. 關於通訊傳輸，下列何者屬於「並列傳輸」？ (A)網路卡 (B)數據機 (C)USB介面的周邊設備 (D)連接硬碟的IDE介面。

( ) 6. 娜美在「神之島」阿帕亞多利用ADSL寬頻網路連上網際網路，已知其傳輸速率為8M/640K，下列敘述何者錯誤？ (A)上傳速率每秒80KBytes (B)下載速率每秒8Mbits (C)下載速度快過上傳速度 (D)下載4MB的檔案約需時40秒。

( ) 7. 紅髮傑克想要以9600bps的傳輸速率傳輸十萬個Unicode英文字給遠在魚人島的魯夫，約需花多少分鐘？
(A)1 (B)3 (C)6 (D)9。

(　) 8. 下列對於常見網路及其傳輸速率的描述，何者不正確？
(A)高速乙太網路的傳輸媒介為雙絞線，傳輸速率可達每秒100Mbits　(B)T3數據專線應用於廣域網路，傳輸速率可達45Mbps　(C)無線區域網路最高傳輸速率為11Mbps　(D)ADSL數據機負責做數位和類比訊號的轉換，下載比上傳的速率快。

APP 解答

1	C	2	B	3	A	4	D	5	D	6	D	7	B	8	C

Smart 解析

6.(D) (4M×8 bits) / 8M bits ≒ 4 秒。

7. Unicode的編碼使用2 Bytes，故(100000×2×8) / 9600 ≒ 167 秒。

8.(C) 無線區域網路傳輸速率為11Mbps、54Mbps甚至更高。

單元 36. 電腦硬體五大單元與匯流排

單元名稱	單元內容	109	110	111	112	考題數	總考題數
電腦硬體五大單元與匯流排	電腦硬體五大單元	0	0	0	0	0	2
	匯流排	0	0	0	2	2	

1. 電腦硬體五大單元

單元名稱	功能說明	
輸入	接收使用者輸入的資料。	合稱**周邊設備**
輸出	把資料輸出到顯示器或儲存媒體。	
控制	負責**指揮協調各單元**之間的運作和資料傳送。以匯流排與其他四個單元直接連接。	
記憶	儲存資料和程式，包含**主記憶體**(如：RAM、ROM)及**輔助記憶體**(如：磁碟、光碟、隨身碟)。以匯流排與其他四個單元直接連接。	
算術邏輯	簡稱**ALU**，執行資料的算術、邏輯和關係運算。	

2. 中央處理單元(CPU)

最主要的部分為控制單元、算術邏輯單元及少部分的記憶單元(如：暫存器、快取記憶體)，為電腦系統的核心。

3. 匯流排(Bus)

電腦上各元件之間傳送資料的管道。

(1) 依**傳輸對象**分為：

- 內部匯流排：負責CPU內部的資料傳送。

- 系統匯流排：負責CPU與晶片組、主記憶體之間訊息傳送。
- 擴充匯流排：負責晶片組與周邊設備擴充槽之間資料傳送。

(2) 依傳遞內容分為：

分類	傳輸方式	功　能
資料匯流排	雙向	傳送資料。
位址匯流排	單向	傳送資料在記憶體中的位址、選擇欲使用的裝置。
控制匯流排	單向	傳送控制訊號。

PLAY 考題

娜美對於電腦硬體架構實在是一竅不通，所以很怕被妮可教授當掉學分。於是，喬巴利用過去出任務的經驗，協助娜美理解電腦五大單元之間的運作與功能。

(　) 1. 魯夫和喬巴等一行人航行到某個群島，六個小島之間的分佈情形像極了電腦硬體的五大單元，其中有個不屬於五大單元中的小島暗藏著極大的危險。依電腦硬體的五大單元而言，這個危險的小島會是下列的哪一個呢？　(A)作業系統單元　(B)記憶單元　(C)輸入輸出單元　(D)中央處理單元。

(　) 2. 有關電腦硬體五大單元的敘述，何者有誤？　(A)輸出單元的功用在於將資料輸出到顯示器或儲存媒體　(B)記憶單元是用來儲存資料和程式　(C)算術邏輯單元簡稱ALU，負責指揮協調各單元之間的運作和資料傳送　(D)輸入單元負責接收使用者輸入的資料。

( ) 3. 航海王的每個夥伴在船上都有各自需負責的工作，喬巴：控制單元，娜美：算術邏輯單元，索隆：記憶單元，香吉士：輸入單元。若將整個指揮中心比喻成電腦的CPU，則哪一個人負責的工作並不包括在指揮中心的範圍？
(A)娜美 (B)索隆 (C)喬巴 (D)香吉士。

( ) 4. 用來連接個人電腦內部硬體裝置的訊號排線是？
(A)雙絞線 (B)匯流排 (C)紅外線 (D)藍牙。

( ) 5. CPU利用哪一種匯流排來傳送資料的位址？ (A)單向，位址匯流排 (B)雙向，位址匯流排 (C)單向，資料匯流排 (D)雙向，資料匯流排。

( ) 6. 下列關於匯流排敘述，何者錯誤？ (A)內部匯流排負責CPU內部的資料傳送 (B)位址匯流排負責傳送位址 (C)控制匯流排負責傳送CPU的控制訊號 (D)資料匯流排只負責單向傳送資料給記憶體。

APP 解答

1	A	2	C	3	D	4	B	5	A	6	D

单元 37 數字系統

單元名稱	單元內容	109	110	111	112	考題數	總考題數
數字系統	數字系統轉換	1	0	1	0	2	2

1. 數字系統表示法

進制	使用的字元	範例
10	0,1,2,3,4,5,6,7,8,9	$(125.3)10=1\times10^2+2\times10^1+5\times10^0+3\times10^{-1}$
2	0,1	$(101.01)_2=1\times2^2+0\times2^1+1\times2^0+0\times2^{-1}+1\times2^{-2}$
8	0,1,2,3,4,5,6,7	$(74.5)_8=7\times8^1+4\times8^0+5\times8^{-1}$
16	0,1,2,3,4,5,6,7,8,9, A,B,C,D,E,F	$(8F.A2)_{16}=8\times16^1+F\times16^0+A\times16^{-1}+2\times16^{-2}$ $=8\times16^1+15\times16^0+10\times16^{-1}+2\times16^{-2}$

2. 數字系統對照表

10 進位	2 進位	8 進位	16 進位
0	0000	0	0
1	0001	1	1
2	0010	2	2
3	0011	3	3
4	0100	4	4
5	0101	5	5
6	0110	6	6
7	0111	7	7
8	1000	10	8

10 進位	2 進位	8 進位	16 進位
9	1001	11	9
10	1010	12	A
11	1011	13	B
12	1100	14	C
13	1101	15	D
14	1110	16	E
15	1111	17	F

3. 任何進位→10進位

將每個數字乘以其所在的位值後相加，所得到的總和即為10進位。

例1 2進位→10進位：$1101.01_2 = 13.25_{10}$。

	1	1	0	1.	0	1	
位值	2^3	2^2	2^1	2^0	2^{-1}	2^{-2}	$=1\times8+1\times4+1\times1+1\times0.25$ $=13.25_{10}$
數值	8	4	2	1	0.5	0.25	

例2 8進位→10進位：$37.4_8 = 31.5_{10}$。

	3	7.	4	
位值	8^1	8^0	8^{-1}	$=3\times8+7\times1+4\times0.125=31.5_{10}$
數值	8	1	0.125	

例3 16進位→10進位：$A4.C_{16} = 164.75_{10}$。

	A	4.	C	
位值	16^1	16^0	16^{-1}	$=A\times16+4\times1+C\times0.0625$ $=10\times16+4\times1+12\times0.0625=164.75_{10}$
數值	16	1	0.0625	

※熟記2、8、16進位的位值，可加快計算速度：

2^{10}	2^9	2^8	2^7	2^6	2^5	2^4	2^3	2^2	2^1	2^0	2^{-1}	2^{-2}	2^{-3}
1024	512	256	128	64	32	16	8	4	2	1	0.5	0.25	0.125
						8^4	8^3	8^2	8^1	8^0	8^{-1}		
						4096	512	64	8	1	0.125		
							16^3	16^2	16^1	16^0	16^{-1}		
							4096	256	16	1	0.0625		

4. 10進位→任何進位

(1) 整數部分：以該進位為除數，用除的，由下往上取餘數。

(2) 小數部分：以該進位為乘數，用乘的，由上往下取整數。

例1 10進位→ 2進位：$13.25_{10}=1101.01_2$。

整數部分：

```
2 | 13
    2 | 6    … 1 ↑
        2 | 3   … 0
            2 | 1  … 1
                0  … 1
```

小數部分：

```
   0.25
×  2
   0.5   ↓
×  2
   1.0
```

例2 10進位→ 8進位：$31.5_{10}=37.4_8$。

```
8 | 31
    8 | 3   … 7 ↑
        0   … 3
```

```
   0.5
×  8
   4.0   ↓
```

例3 10進位→16進位：$164.78125_{10}=A4.C8_{16}$。

```
16 | 164
     16 | 10   … 4     ↑
          0    … 10=A
```

```
   0.78125
×  16
   C=12.5
   0.5      ↓
×  16
   8.0
```

PLAY 考題

人類最熟悉的就是十進位，因為彎折手指非常靈活計算。但是電腦內部是使用0與1來儲存狀態，也就是使用二進位系統，只是太過冗長且不易換算。因此，八進位與十六進位的使用，能在工程控制上大幅增加程式的可讀性，例如：網頁設計的HTML色彩語法中，最常使用十六進位執行RGB色彩控制。

(　) 1. 魯夫等一行人從慣用十進位制的風車村出發，途中經過只能使用二進位制的羅格鎮補給所需物品。一件在羅格鎮標示101101元的任意門，魯夫需要花費相當於十進位制的多少錢才能買的到？　(A)55　(B)38　(C)45　(D)96。

(　) 2. 十進位數(93.8125)轉換為下列各進位，何者正確？
$(A)(1011101.101)_2$　$(B)(101101.1101)_2$　$(C)(5D.C)_{16}$
$(D)(135.64)_8$。

(　) 3. 香吉士在探險途中蒐集了各個使用不同進制國度的貨幣，以下哪一種貨幣金額在轉換成相同的十進制之後，跟其他三種會是不一樣的？
$(A)(142)_{10}$　$(B)(8E)_{16}$　$(C)(216)_8$　$(D)(10011100)_2$。

(　) 4. 下列數字系統的表示法中，哪一項是不正確的？
$(A)(1011.1)_2$　$(B)(1011.1)_{10}$　$(C)(5AG.6)_{16}$　$(D)(75.2)_8$。

APP 解答

1	C	2	D	3	D	4	C

Smart 解析

3. (B) $(8E)_{16} = 142_{10}$
(C) $(216)_8 = 142_{10}$
(D) $(10011100)_2 = 156_{10}$。

4. 16進位可表示的數字為0~9,A,B,C,D,E,F。

單元 38. 電腦記憶和時間單位

單元名稱	單元內容	109	110	111	112	考題數	總考題數
電腦記憶和時間單位	電腦記憶和時間單位	1	0	0	0	1	1

1. 電腦記憶單位

容量單位	換算公式
bit(位元)	電腦儲存資料的最小單位，只有**0/1**兩種
Byte(位元組)	1 Byte = 2^3 bits = **8** bits
KB(仟位元組)	1 KB = $\mathbf{2^{10}}$ Bytes = 1024 ≒$\mathbf{10^3}$ Bytes
MB(百萬位元組)	1 MB = $\mathbf{2^{20}}$ Bytes = 1024×1024 ≒$\mathbf{10^6}$ Bytes
GB(十億位元組)	1 GB = $\mathbf{2^{30}}$ Bytes ≒$\mathbf{10^9}$ Bytes
TB	1 TB = $\mathbf{2^{40}}$ Bytes ≒$\mathbf{10^{12}}$ Bytes
PB	1 PB = 2^{50} Bytes ≒10^{15} Bytes
EB	1 EB = 2^{60} Bytes ≒10^{18} Bytes
ZB	**1 ZB** = $\mathbf{2^{70}}$ Bytes ≒$\mathbf{10^{21}}$ Bytes

2. 不同記憶單位之間的轉換

熟記以下的記憶單位轉換公式：

$$\text{bit} \underset{2^3=8}{\overset{2^{-3}=\frac{1}{8}}{\rightleftarrows}} \text{Byte} \underset{2^{10}=1024}{\overset{2^{-10}=\frac{1}{1024}}{\rightleftarrows}} \text{KB} \underset{2^{10}}{\overset{2^{-10}}{\rightleftarrows}} \text{MB} \underset{2^{10}}{\overset{2^{-10}}{\rightleftarrows}} \text{GB} \underset{2^{10}}{\overset{2^{-10}}{\rightleftarrows}} \text{TB} \underset{2^{10}}{\overset{2^{-10}}{\rightleftarrows}} \text{PB}$$

例 (**B**)一部500 GB的硬碟，其容量相當於？
(A)500×2^{23} bits　(B)500×2^{20} KB
(C)500×2^{40} Bytes　(D)500×2^{10} TB。

解 $500GB = 500 \times 2^{10}$ MB

$= 500 \times 2^{20} \times 2^{10} = 500 \times 2^{20}$ KB

$= 500 \times 2^{10} \times 2^{10} \times 2^{10} = 500 \times 2^{30}$ Bytes

$= 500 \times 2^{10} \times 2^{10} \times 2^{10} \times 2^{3} = 500 \times 2^{33}$ bits $= 500 \times 2^{20}$ KB

3. 時間單位

單位	換算公式
ms(毫秒)	$1ms = 10^{-3}$ s(秒)
μs(微秒)	$1μs = 10^{-6}$ s
ns(奈秒)	$1ns = 10^{-9}$ s
ps(披秒)	$1ps = 10^{-12}$ s

4. 不同時間單位之間的轉換

熟記以下的時間單位轉換公式：

s(秒) ⇄ **ms(毫秒)** ⇄ **μs(微秒)** ⇄ **ns(奈秒)** ⇄ **ps(披秒)**

（向右：10^3；向左：10^{-3}）

例 (C)電腦的時間單位1μs和下列哪一項相同？

(A)1s (B)10^3ms (C)10^6ps (D)10^{-3}ns。

解 $1μs = 10^{-6}s = 10^{-3}ms = 10^{6}ps = 10^{3}ns$

PLAY 考題

索隆上網買了一組行車紀錄器想要安裝在機車上頭，但是這組特價品並無附贈記憶卡。所以，索隆很認真地研究行車紀錄器該搭配何種記憶卡的種類、格式、容量與速度...等問題。

( ) 1. 電腦記憶單位容量何者最小？

(A)GB (B)KB (C)bit (D)Byte。

( ) 2. 妮可老師為了加深同學們對電腦記憶體容量單位的瞭解，她將容量單位製作成了4張牌：①TB ②KB ③MB ④GB，請索隆由大而小依序排列，索隆應該如何擺放才是正確的呢？ (A)① ② ③ ④ (B)① ④ ③ ② (C)③ ① ④ ② (D)④ ① ③ ②。

( ) 3. 記憶容量512KB是2的幾次方GB？
(A)-10 (B)-11 (C)10 (D)29。

( ) 4. 下列有關電腦記憶體容量單位的敘述，何者是正確的？
(A)bit是電腦中最小的記憶體容量單位，有0,1,-1三種 (B)一部5TB的硬碟容量為500×2^{20}Bytes (C)1KB=2^{10}bits (D)1GB=1024MB。

( ) 5. 索隆的數位相機中有一張8GB的記憶卡，最多可以拍攝每張2MB的照片多少張？
(A)4000 (B)5000 (C)3000 (D)6000。

( ) 6. 電腦的執行時間單位通常用ms、ps、ns、μs來表示，這四種單位由小到大的排列為： (A)ps<μs<ms<ns (B)μs<ms<ns<ps (C)ps<ns<μs<ms (D)ms<μs<ns<ps。

( ) 7. 電腦常用的時間單位有毫秒(ms)、微秒(μs)及奈秒(ns)，請問10奈秒等於多少秒？
(A)10^{-9} (B)10^{-8} (C)10 (D)10^{9}。

APP 解答

1	C	2	B	3	B	4	D	5	A	6	C	7	B

Smart 解析

3. 512KB = $2^9\times2^{-20}$ GB = 2^{-11} GB。

5. 8GB/2MB = $(8\times2^{10})/2 = (8\times1024)/2 = 4096$。

7. 10奈秒 = $10\times10^{-9} = 10^{-8}$秒。

單元 39. 基本工具軟體的操作

單元名稱	單元內容	109	110	111	112	考題數	總考題數
基本工具軟體的操作	基本工具軟體的操作	1	0	0	0	1	1

1. PDF文件軟體

(1) **PDF**(可攜式文件格式)，屬於**開放文件格式**，可跨平台檢視，具有良好的可攜性。

(2) **不需安裝原始文件的字型**，可保留文件原有的格式提供閱讀。

(3) 可在PDF文件中設定**密碼保護**、加上**數位簽名**、限制檢視、列印、編輯和複製文件等功能，增加文件安全性和可靠性。

(4) PDF**閱讀軟體**：只能用來檢視和列印，如：**Adobe Acrobat Reader**。

(5) PDF**編輯軟體**：提供檢視、編輯、合併、加入數位簽名或轉存成不同格式的檔案(如：.JPG圖形檔)等功能，如：**Adobe Acrobat**。

2. 壓縮軟體

(1) 使用**不失真的壓縮**方式將檔案或資料夾變成壓縮檔，以縮小檔案儲存空間，節省網路傳輸時間；**解壓縮**時可以將壓縮檔還原。

(2) 常見的壓縮軟體：**WinRAR**、**WinZip**、**7-Zip**等。

(3) 提供密碼設定、資料加密、分片壓縮和檔案註解等功能。

(4) **自我解壓縮檔(*.EXE)**：可在沒有壓縮軟體環境下執行解壓縮。

3. 燒錄軟體

(1) 將資料燒錄至DVD、藍光光碟(BD)中。

(2) **光碟映像檔**：將磁碟和原始光碟中的大量資料以副檔名為iso、img、nrg、cue等檔案格式儲存，方便備份或傳送。

(3) 常見的燒錄軟體：**NERO**、**CloneCD**、**CDBurnerXP**等。

4. 即時通訊軟體

(1) 可透過網路和朋友進行即時的文字、語音或影像通訊、傳送檔案、留言等。

(2) 常見的即時通訊軟體：Skype、Line、WhatsApp、WeChat、Facebook Messenger、Google Chat等。

PLAY 考題

在海上的航程中，海象氣候的變化會影響通訊傳輸的品質，為了確保資料能夠傳達成功，經常會運用多元傳輸管道，同步使用電子郵件與即時通訊軟體傳送檔案；為了增加資料的完整性，也會預先壓縮檔案以減少傳送時間；更會將重要資料燒錄光碟備份，以免電子設備受潮故障無法使用；並且要事先約定檔案格式，讓檔案有適合的軟體能正常開啟使用。

( ) 1. 航海王一行人來到了威士忌山峰，魯夫收到一封來自羅格鎮友人寄來的e-mail，信中夾帶了一個名為「no6.pdf」的檔案，試問下列哪一個軟體可以正確開啟並閱讀這個檔案？ (A)Word (B)Adobe Acrobat Reader (C)記事本 (D)Windows Media Player。

( ) 2. 多才多藝的騙人布在長環島收集了許多當地的mp3檔案，試問下列哪一個軟體可以開啟並播放這種類型的檔案？ (A)7-Zip (B)小畫家 (C)Adobe Acrobat (D)RealPlayer。

( ) 3. 對於WinRAR的描述，何者有誤？ (A)可產生自我解壓縮檔，不需安裝解壓縮軟體也可進行解壓縮 (B)壓縮時可以設定密碼 (C)無法解壓縮檔案到指定的磁碟位置中 (D)採用不失真的壓縮方法壓縮檔案。

( ) 4. 下列哪一項可以利用即時通訊軟體來完成？
(A)檔案傳送 (B)影像編輯 (C)文書排版 (D)影音編輯。

( ) 5. 燒錄軟體通常會提供下列哪一種功能？ (A)在影音檔案中加入文字和聲音旁白 (B)抹除可覆寫光碟 (C)將檔案壓縮成ZIP的格式 (D)格式化隨身碟。

APP 解答

1	B	2	D	3	C	4	A	5	B

單元 40. 資料表示法

單元名稱	單元內容	109	110	111	112	考題數	總考題數
資料表示法	資料表示法	0	0	0	0	0	1
	文字表示法	0	0	0	1	1	
	資料偵測	0	0	0	0	0	

1. 整數

使用的儲存位元越多所能表示的整數範圍越大。

2. 英文文字資料

每個英文字母、數字字元佔**1Byte**，常用的表示法為**ASCII**碼。

3. 熟記下列字元的ASCII碼

字元	10 進位值	16 進位值
空白	32	20
0	**48**	30
A	**65**	41
a	**97**	61

4. 字元的ASCII碼大小順序

空白＜ 數字　＜大寫字母　＜小寫字母

空白＜0...＜9　＜A.......＜Z　＜a........＜z

5. 字元ASCII碼的計算

數字及英文大小寫字母皆按順序大小編碼，若已知某一個字元的ASCII碼，即可透過運算而得知另一個字元的ASCII碼。

(1) 0的ASCII碼＝48_{10}
1的ASCII碼＝0的ASCII碼＋1_{10}＝49_{10}

(2) A的ASCII碼＝65_{10}
B的ASCII碼＝A的ASCII碼＋$_{10}$＝66_{10}

(3) a的ASCII碼＝97_{10}
b的ASCII碼＝a的ASCII碼＋1_{10}＝98_{10}

6. 中文文字資料

每個中文字佔**2Bytes**，國內盛行的內碼為**BIG-5(繁體中文內碼)**，中國大陸則採用GB碼(國標碼)。

7. Unicode

使用**2Bytes**編碼，可容納2^{16}＝65536個字元符號，包含各國常用的文字符號，提昇網路文件的使用便利性。

8. 使用n位元最多可以表示2^n種符號

例 以2 Bytes(＝16 bits)編碼，最多可以表示2^{16}＝65536個不同的符號。

PLAY 考題

看完電影《模仿遊戲》後，喬巴、魯夫和艾斯三人興奮地討論起這台破解德軍Enigma情報加密機的自動機器，它的設定會有159百萬億個可能性，卻只能在當日有限的時間內破解所有設定。由此可知，小小的資料編碼與轉換，竟然還跟加、解密技術息息相關，尤其是這些特殊的演算法，決定了大數據的運算效能。

(　) 1. 風車村的村長規定村民們要使用一個8位元來表示不考慮正負值的整數，以方便統一計算所有的物價。因此，該村的物價金額中所能表示的最小值為多少？
(A)255　(B)256　(C)127　(D)0。

(　) 2. 下列有關英文文字資料表示法的敘述，何者有誤？　(A)常使用ASCII碼來表示　(B)字元的ASCII碼大小順序中，大寫字母會小於小寫字母　(C)「A」的ASCII碼以10進位值表示時其值為41　(D)每個英文字母佔1Byte。

(　) 3. 「海賊王」羅傑埋藏大秘寶「One Piece」的藏寶圖中有個尋寶密語，標示著：「想要我的財寶嗎？想要的話全給你吧！圖中包含2000個各種不同的符號，最少要用多少個位元才能表示？只要能解出正確的答案，就靠著它去找吧！我把所有的財寶都放在那裡了！」請問，正確的密碼到底是多少呢？　(A)1000　(B)11　(C)1　(D)10。

(　) 4. 「a」的ASCII碼為97_{10}，則「m」的ASCII碼值為多少？　(A)109_{10}　(B)98_{10}　(C)100_{10}　(D)無法計算。

(　) 5. 下列有關資料表示法的敘述，何者正確？　(A)可同時支援英文、拉丁文、中文、韓文、日文等文數字符號表示法的編碼系統為EBCDIC碼　(B)Unicode使用2位元組編碼，包含各國常用的文字符號　(C)行政院訂定BIG-5碼為國家標準交換碼，每個中文字佔2Bytes　(D)在ASCII碼的編排順序中，0>C>z。

APP 解答

1	D	2	C	3	B	4	A	5	B

Smart 解析

1. 以8個位元表示一不考慮正負的整數，能表示的範圍為$0\sim(2^8-1)=0\sim255$。

3. $2^n>=2000$，n=11。

4. 「m」的ASCII碼值
=「a」的ASCII碼$+12_{10}=97_{10}+12_{10}=109_{10}$。

5. (A) EBCDIC(擴增二進式十進交換碼)為IBM推出的字元編碼表，是IBM迷你級以上電腦的標準碼
(C) 行政院訂定CISCII碼為國家標準交換碼
(D) 在ASCII碼的編排順序中，0<C<z。

統一入學測驗模擬試題（四）

單元31～40	得
班級：＿＿＿＿　姓名：＿＿＿＿＿　座號：＿＿＿＿	分

本試卷共 25 題，每題 4 分，共 100 分

(　) 1. 大寶到3C賣場選購無線路由器，他想要挑選一個傳輸速度最快的，價錢貴些沒關係。請問大寶可以選擇下列哪一種規格的無線路由器？ (A)802.11a/g (B)802.11ax (C)802.11ac (D)802.11n。

(　) 2. 小淳同學最近買了一台新筆電，此次的硬碟大小為2TB，試問是原來筆電128GB硬碟的多少倍？ (A)8 (B)16 (C)32 (D)64。

(　) 3. 魯夫想要將在佐烏島合照中的森林背景去除，剪輯編修合成另一張以遊樂園為背景的合照，請問可以使用下列何種軟體完成？ (A)PhotoImpact (B)Windows Media Player (C)Internet Explorer (D)Gif Animator。

(　) 4. 靜香在電子信箱中收到銀行寄來的電子對帳單，檔名是「202109.pdf」。請問靜香要用下列哪一種應用軟體來開啟這份文件？ (A)Line (B)7-Zip (C)Acrobat Reader (D)Word。

(　) 5. 靜香要把今天完成的作業壓縮後傳給老師，她應該用下列哪一個軟體才可以完成？ (A)Acrobat Reader (B)WinRAR (C)Visual Studio (D)Dreamweaver。

(　) 6. 小美出國旅遊拍了不少照片，回國整理照片時才發現自拍照的臉上有些許痘痘和斑點，想用PhotoImpact軟體把它清除，請問下列哪一個工具最為適合？ (A)套索工具 (B)變形工具 (C)移除紅眼 (D)修容工具。

(　) 7. 下列哪一個不是電腦的時間單位？ (A)μs (B)ss (C)ms (D)ns。

(　) 8. 下列關於資料通訊的敘述，何者有誤？ (A)USB是屬於序列傳輸 (B)行動電話的通訊屬於半雙工傳輸 (C)ADSL屬於寬頻網路 (D)Wi-Fi屬於無線網路。

(　) 9. 航海王來到黃金島，喬巴在島上發現可用來做為醫藥的香草植物，他利用Illustrator軟體進行香草植物描繪作業，試問下列何者為喬巴所儲存的檔案？ (A)plant.ai (B)plant.ufo (C)plant.psd (D)plant.cdr。

(　) 10. 下列哪一項資料通訊的方式是依傳輸訊號來分類？ (A)並列傳輸 (B)寬頻網路 (C)全雙工傳輸 (D)分封交換。

(　) 11. 有關PDF文件的敘述，下列何者有誤？ (A)可以使用MS Word直接開啟和編輯 (B)屬於開放式文件 (C)可在文件中設定密碼保護 (D)可保留文件原有的格式提供閱讀。

(　) 12. 下列有關平日常用的工具軟體的說明，哪一項是正確的？ (A)壓縮軟體使用不失真的壓縮方式以縮小檔案儲存空間，如7-Zip (B)Adobe Acrobat只能檢視和列印而無法編輯PDF文件 (C)燒錄軟體主要用來將資料燒錄至SSD中 (D)即時通訊軟體無法用來傳送檔案。

(　) 13. 下列關於網路頻寬(Bandwidth)的敘述，何者有誤？ (A)網路頻寬是指傳輸媒體能夠傳輸的最高頻率和最低頻率的差值 (B)乙太網路是屬於基頻網路 (C)ADSL是屬於寬頻網路 (D)基頻網路是以類比訊號傳輸資料，而寬頻網路以數位訊號傳輸資料。

(　) 14. 依據經濟部所訂定的「遊戲軟體分級管理辦法」中，「保護級」的遊戲軟體必須幾歲以上的兒童及少年才可以使用？ (A)6歲 (B)12歲 (C)15歲 (D)18歲。

(　) 15. 下列何種程式語言可以利用圖像拖曳的方式進行程式設計，不需具備複雜的程式指令，很適合初學者學習？ (A)Java (B)Python (C)Scratch (D)Visual Basic。

(　) 16. 超人小學總共有150位同學，試問最少需要使用多少位元才能記錄每位同學的資料？ (A)150 (B)6 (C)1 (D)8。

( ) 17. 下列關於電腦單位之間的換算，何者正確？ (A)1MB=2^{10} Bytes (B)1ns=10^{-6} s (C)1G=10^{12} (D)1Mbps=10^{6} bps。

( ) 18. 記憶單位容量512MB是2的多少次方bit？ (A)30 (B)32 (C)29 (D)20。

( ) 19. 喬巴和家人利用假日到郊外遊玩，他坐在草皮悠閒的上網觀看影片，試問下列何者最有可能是喬巴用來連上網路的傳輸技術？ (A)光纖 (B)4G LTE (C)RFID (D)藍牙。

( ) 20. 若印表機以USB連接至電腦主機，則其此類資料傳輸方式為何？ (A)半雙工傳輸 (B)全雙工傳輸 (C)並列傳輸 (D)序列傳輸。

( ) 21. 下列的數字表示法何者正確？ (A)$5G2F_{16}$ (B)2420_{8} (C)010020_{2} (D)$15\#9_{10}$。

( ) 22. 老師希望同學能將平時作業上傳到雲端硬碟中方便使用，下列哪一種不是常見的雲端儲存空間？ (A)iCloud (B)Dropbox (C)Microsoft Office 365 (D)Google Drive。

( ) 23. 下列關於結構化程式設計的敘述，何者有誤？ (A)循序、選擇、重複三種基本結構都是單入口／單出口 (B)選擇結構適用於「決策」動作 (C)採用模組化設計，可以讓程式易於維護 (D)應多採用無條件跳轉的敘述，讓程式執行更有效率。

( ) 24. 請問下列何者屬於網路犯罪？ (A)在FB發表自己的意見言論 (B)在社群軟體上販售物品 (C)使用即時通訊軟體與他人聊天 (D)將家中飼養繁殖的幼犬利用網路拍賣販售。

( ) 25. 索隆公司的電腦網路採用T1數據專線，試問其傳輸速率為何？ (A) 1.544 Mbps (B) 10 Mbps (C)45 Mbps (D)100 Mbps。

單元 41. 資料庫系統

單元名稱	單元內容	109	110	111	112	考題數	總考題數
資料庫系統	資料庫系統	0	0	1	0	1	1

1. 資料庫(Database)

資料庫是將資料有規則及順序集合儲存的地方。例如：手機中的通訊錄，就是資料庫的應用。

2. 資料庫管理系統(DBMS)

專門管理資料庫的軟體，可進行新增、刪除和修改各項紀錄資料。常見的軟體有Access、MS SQL Server、MySQL、Oracle…等。

3. 資料庫應用程式

能透過資料庫管理系統連線存取資料庫中的各項紀錄，透過人性化的操作介面，提供便捷輸入的表單或顯示搜尋結果。例如：圖書館的書籍借閱系統、超商的進銷存系統。

4. 資料庫系統

資料庫系統是由「多個資料庫、資料庫應用程式以及資料庫管理系統」所共同構成。

5. 資料庫系統的優點

(1) 保持資料的一致與不重複。

(2) 容易導入新系統並創新運用。

(3) 可多人共享資源，且依帳號權限存取更安全。

6. 資料庫系統架構

常見的為**主從式架構**(Client/server)，是由**客戶端**(Client)電腦送出服務請求，再由**伺服器端**(Server)電腦提供服務回應。

7. 資料庫的種類

(1) **關聯式資料庫**：適合資料儲存特性有明確順序與規則，能確保數據的一致性與完整性，例如：銀行、電信資料。

(2) **非關聯式資料庫**(NoSQL)：適合網路大數據資料儲存，呈現非結構(圖像、影音、文件)與半結構儲存特性(欄位資料不齊全)，擴充彈性高，例如：社交社群FB、IG。

PLAY 考題

魯夫想用App Inventor 2來設計一個手機APP，這才發現資料庫原來還分為關聯式以及非關聯式兩大類。而且，資料庫的需求無所不在，紀錄的資料型態不只是文字，連圖片、影片也都有！

(　) 1. 下列何者不是使用資料庫的優點？
(A)減少資料的重複性　(B)強化資料的保密性及安全性
(C)便於導入新系統　(D)不需專人管理及維護資料庫。

(　) 2. 下列何者為資料庫管理系統(DBMS)？
(A)Access　(B)Animate　(C)Excel　(D)Word。

(　) 3. 資料庫系統是由多個資料庫、資料庫應用程式以及下列哪一項所共同構成？
(A)資料　(B)資料倉儲　(C)資料結構　(D)資料庫管理系統。

(　) 4. 常見的資料庫系統架構為下列哪一種？
(A)關聯式(Relational)　(B)階層式(Hierarchical)
(C)主從式(Client/Server)　(D)星狀式(Star)。

APP 解答

1	D	2	A	3	D	4	C

單元42. 電腦演進及分類

單元名稱	單元內容	109	110	111	112	考題數	總考題數
電腦演進及分類	電腦演進過程	0	0	0	0	0	1
	電腦的分類	0	0	0	0	1	

1. 電腦演進過程

依所使用的電子元件劃分：

世代	電子元件	世代	電子元件
第一代	**真空管**	第三代	**積體電路(IC)**
第二代	**電晶體**	第四代	**超大型積體電路(VLSI)**

2. 電腦的分類

依速度、價格及功能分類：

分　類	說　　明
超級電腦	適用於高科技研究，如：氣象局、國防部
大、中、小型電腦	常用於大型企業或學校
迷你電腦、工作站	常用於中小型企業、網路伺服器(Server)
微電腦	個人電腦，如：桌上型、筆記型、掌上型、平板式電腦
嵌入式電腦	經常使用在翻譯機、電子錶、行動電話上的特殊用途

3. 個人電腦(PC)

屬於第四代電腦、微電腦，開始使用微處理器。

4. 行動裝置

(1) 智慧型手機(Smart Phone)：結合照相、上網、個人數位助理、媒體播放器等多功能的手機，常用的作業系統有iOS「⑮」、Android「」、Windows Phone「Windows Phone」等。

(2) 平板電腦：以輕、薄，方便攜帶為訴求的行動電腦，利用觸控式螢幕作為基本的輸入裝置。

PLAY 考題

宅男羅傑最近在創客研習時，接觸到樹莓派(Raspberry Pi)開發版，他對這片功能強大的微型電腦板感到非常驚奇，所以在羅賓教授的課堂非常積極提問與回答，羅賓教授也投以肯定的眼神回應。結果時常熬夜打電動而翹課的羅傑，竟然輕鬆完成以下的隨堂作業。

( ) 1. a.超大型積體電路 b.電晶體 c.真空管 d.積體電路 四種電子元件中，依據電子計算機的演進過程排列順序，下列何者是正確的？

(A)a,b,c,d (B)c,b,a,d (C)d,c,b,a (D)c,b,d,a。

( ) 2. 下列關於電腦演進的敘述，哪一個是不正確的？ (A)依使用的電子元件劃分為四代 (B)因為執行速度越來越快，所以電腦體積越來越輕薄短小 (C)美國蘋果電腦公司的iMac屬於第四代電腦 (D)手機上所使用的為特殊用途的嵌入式電腦。

( ) 3. 筆記型電腦具有方便攜帶的特性，是屬於哪一種類型的電腦？ (A)迷你電腦 (B)小型電腦 (C)微電腦 (D)嵌入式電腦。

(　) 4. 考克漢也想和騙人布一樣，將自己經營已久的男士西服建置專屬的官方網站，並塑造清新的企業形象，但是五人以下的小公司經費有限，應該選擇下列哪一種電腦來做為網站伺服器最為適合？ (A)超級電腦 (B)迷你電腦 (C)大型電腦 (D)嵌入式電腦。

(　) 5. 下列哪一個不屬於電腦硬體設備？ (A)Smart Phone (B)Android (C)iPad (D)PC。

(　) 6. 基德喜歡四處趴趴走又居無定所，若經常有上網需求時，下列哪一種設備最不適合使用？ (A)智慧型手機 (B)桌機 (C)平板電腦 (D)筆電。

APP 解答

1	D	2	B	3	C	4	B	5	B	6	B

Smart 解析

2.(B) Android是一個基於Linux核心以及結合多種開源軟體的行動作業系統

單元43. 個人網誌(部落格)、社群網站的應用

單元名稱	單元內容	109	110	111	112	考題數	總考題數
個人網誌(部落格)、社群網站的應用	個人網誌(部落格)	0	0	0	0	0	0
	社群網站	0	0	0	0	0	

1. 個人網誌(部落格)

(1) **網誌(Blog)**：也稱為**「部落格」**，是透過網站後端的內容管理機制(CMS)，讓使用者發佈文章、圖片或影片來記錄個人生活、抒發情感或分享主題資訊；現在多被運用在**個人品牌行銷與網路事業經營**。

(2) 網誌樣式設定：除了套用版型範本外，也有HTML編輯器可供內容編輯與修改。

(3) **RSS**(Really Simple Syndication)：透過RSS推播服務能讓網頁內容提供者開放傳播連結，使用者訂閱後能即時閱讀到最新資訊。

(4) 網誌基於Web 2.o精神，提供讀者回饋閱讀後的留言迴響，能讓網站帶來更多流量與互動分享。

(5) 常見的部落格服務網站：Google的Blogger、yam天空部落格、Xuite日誌、PIXNET痞客邦等。

(6) **影音部落格(Vlog)**：是Video-blog的縮寫，運用**動態影片**(Video)取代文章或相片來記錄網誌。

(7) 透過影像特效App，可強化個人影片風格，創作者稱為網紅(Vlogger)。

(8) 常見的Vlog服務網站，如：YouTube、抖音(TikTok)、騰訊等。

2. 社群網站(Social Network)

(1) 社群網站的興起，是為了提供使用者更容易參與到各式主題社群，增加更頻繁的互動交流途徑。

(2) 社群行銷：近幾年的網路社群，也從議題分享延伸到商業營利，透過人際互動的拓展，以及社群分享的力量，興起社群行銷的模式。

(3) 常見的社群網站：Instagram、Line群組、Facebook(臉書)、Twitter(推特)、新浪微博、LinkedIn、Plurk(噗浪)等。

3. Instagram

近幾年，IG已在全球年輕族群中迅速發展，成為圖像行銷的主流，無論是個人品牌或企業品牌，無不紛紛大舉介入，其特點如下：

(1) **限時動態(Instagram Stories)**：讓用戶發佈15秒影片或照片後，內容會限定在24小時之後自動消除，並且照片可套用多種濾鏡效果，以幻燈片的形式敘說屬於自己的故事。

(2) **話題標記(Hashtag)**：藉由標記時間、地點、溫度等標籤，分享更多細節給朋友和粉絲，藉此產生話題、持續留言、按讚等互動。

(3) 互動回應：多元的回饋機制能豐富粉絲回應的速度及樂趣，例如：拉霸機、投票、開放式問答、私訊、測驗等等。

(4) 內容分享：發佈的內容也有多種轉發分享方式，讓訊息交流更便利，例如：從他人限時動態轉發、IGTV轉發，由外部音樂APP分享等等。

(5) 精選內容：讓用戶可將以往發佈過的限時動態重新匯整於個人檔案首頁，精彩的故事回顧並不受24小時的限制。

(6) 影音直播：透過直播滿版畫面，能動態刺激追蹤者優先關注，深受網紅與藝人喜愛使用。

4. LinkedIn社交平台

(1) LinkedIn內建於windows 10作業系統中，廣受國際人士喜愛使用，尤其是在美國找實習或找工作，就一定要會使用這個職場社交平台。

(2) LinkedIn的部分特性已被整合進Outlook.com，可讓訂閱者直接在郵箱中找到聯絡人的履歷、資料照片等求職相關資訊。

(3) Microsoft在Office 365的Word應用程式中，加入人工智慧工具**Resume Assistant**整合LinkedIn資源，能協助用戶快速寫出漂亮的履歷，例如：用戶直接輸入感興趣的職位、產業後，就能從LinkedIn的數百萬份公開資料中找到類似的工作經驗、職位範例。

5. Facebook(臉書)

(1) 由哈佛大學的學生Mark Zuckerberg所創辦。

(2) **動態消息**：可讓用戶發表自己的最新動態，亦可直播視訊，私密的交流則通過**Messenger**進行。

(3) **打卡**：透過「地標功能」，可標記用戶所在的位置，與朋友分享自己旅行或活動行蹤。

(4) **活動**(Events)：可讓用戶通知朋友即將發生的活動。

(5) **社團**：可成立自己的社團或加入他人的社團，只有同社團的用戶或經過認證的朋友才可以社團資訊或進行留言等。社團不具備專屬的網址及行銷數據分析，因此不適用於商業用途。

(6) **粉絲專頁**：屬於商業用途專頁，提供社群行銷數據分析，讓企業可了解粉絲團的族群分佈及互動情形，適合商業宣傳用途。

6. Twitter(推特)

(1) 每一則訊息更新都會顯示在使用者的版面頁上，而且自己所設定的好友都可以即時看到這些更新的內容。

(2) 可以發送自己的**訊息(tweet)**或回覆訊息，顯示所有自己或好友發布的訊息，並顯示自己所寫的訊息總數。

(3) 可以列出好友的數目，其中「**following**」是自己加入別人，而「**followers**」則是別人將你加入好友。

7. Plurk(噗浪)

(1) 自己跟好友的所有消息會顯示在一條**時間軸**上，可以使用滑鼠左右拖拉時間軸來移動到不同的時間。

(2) **Karma值**：會依照發文的次數、上站次數與交友情形等變大或變小；「Karma」數值大小會影響各項進階功能是否啟用。

PLAY 考題

海賊王經常要神出鬼沒出任務，所以在漫長的航行中，最多的便是自己與自己的對話。船上的生活點滴，無論是用文字或圖像紀錄，船員早已習慣透過各式社群平台發送即時動態，若有長篇文章或專題紀錄就會上傳至個人網誌，較為正式或隱密性的內容則採用電子郵件寄送。不過，管制通訊是執行關鍵任務時必要的措施，以防止個人動向已被定位或追蹤！

( ) 1. 下列哪一項通常是用來抒發心情、記錄生活、發表長篇文章、上傳照片，並且可以發佈在網頁上與網友共享的網際網路服務？

(A)FTP (B)E-mail (C)Google Docs (D)Blog。

( ) 2. 香吉士是有名的海上廚師，他想將自己的新產品資訊傳送給每一位會員，可以透過下列哪一項工具來發送電子報？(A)Blog (B)E-Mail (C)Adobe Acrobat Reader (D)GPS。

( ) 3. 下列何者不屬於社群網站(Social Network)？

(A)Yahoo (B)Twitter (C)Plurk (D)Facebook。

( ) 4. Facebook(臉書)的動態時報其主要的作用為何？ (A)搜尋特定社群或者是人名 (B)放置小遊戲和心理測驗 (C)發表自己最新的狀態 (D)管理朋友的名單。

( ) 5. 魯夫最近愛上了一種網際網路應用，其特色是「自己跟好友的所有消息會顯示在一條時間軸上」，試問魯夫所使用的網際網路應用是下列哪一項？

(A)Facebook (B)Plurk (C)Blog (D)Twitter。

( ) 6. 以下何者具有匿名制、每一則訊息更新都會顯示，沒有演算法決定顯示內容，適合即時訊息發布，具有高度對話互動的平台特性？

(A)E-mail (B)FTP (C)BBS (D)Twitter。

APP 解答

1	D	2	B	3	A	4	C	5	B	6	D

單元44 動畫設計

1. 動畫設計

(1) 動畫(Animation)原理：透過視覺暫留作用，大腦會將快速撥放連續動作的畫面，視為動態影像的效果。

(2) 動畫種類：2D動畫、3D動畫

(3) 常見的2D動畫設計軟體：**Adobe Animate CC**、**Synfig Studio**、**OpenToon**、**Pencil2D**、GraphicsGale、FlipaClip等。

(4) 雲端動畫設計軟體：**Animaker**、Piskel、ABCya Animate、FlipAnim等。

2. 影格速率(FPS)

(1) 影格速率(FPS,Frames Per Second)：每秒撥放的影格數，就是播放動畫的速度，通常預設的影格速率為**24 FPS**。

(2) 當影格速率太慢時，會讓動畫看起來斷斷續續；而速率太快時，又會讓動畫的細節變得含糊、交代不清。

3. 2D動畫軟體功能

(1) 通常也具備有影像處理軟體的基本功能，例如：繪圖工具、美化工具及色彩調整等。

(2) 內建多種特效，提供可匯入文字、圖片、影片、音樂等多媒體素材功能。

(3) **關鍵影格**：動畫製作時，動畫變換中的起始點和終點。

(4) **時間軌**：用來規劃一系列關鍵影格的時間軸。

(5) **逐格動畫**：又稱為定格動畫。先拍攝一連串物體局部且小範圍移動的畫面，再以定速撥放此連續動作。

(6) **補間動畫**：在兩個不同動作位置，或是不同形狀樣式的關鍵影格間，透過演算法自動產生連續動作。

(7) **曲線圖層**：被指定的物件會隨圖層內曲線繪製的路徑行進。

(8) **骨幹功能**：可設定骨架所連動的各個骨塊移動位置、長度及轉動角度，讓姿勢作出較細膩改變的效果。例如：人類四肢軀幹或頭部的變動。

PLAY 考題

艾斯最近迷上定格動畫(Stop Motion)製作，為了讓動作之間能運作得更為協調、細膩，還特別多次微調與重拍也不嫌累。

( ) 1. 下列哪一套軟體適合製作動畫？ (A)Google Meet (B)Word (C)小畫家 (D)OpenToonz。

( ) 2. 桌球教練用高速相機記錄選手回擊姿勢的連續畫面，快速撥放後可形成動畫效果，是因為哪個原因所產生？
(A)視覺暫留 (B)視覺疲勞 (C)視覺傳達 (D)視覺藝術。

( ) 3. 調整哪一個功能面板，可用來安排動畫進行的順序？
(A)影像軌 (B)混音軌 (C)時間軌 (D)播放軌。

( ) 4. 若想讓舞蹈動作更細膩完美，可以使用以下哪一項功能？
(A)形狀漸變 (B)移動補間動畫 (C)形狀補間動畫 (D)骨架工具。

( ) 5. 下列有關影格速率(Frames Per Second)的描述，何者正確？ (A)每秒的旋轉圈數 (B)每秒的撥放影格數 (C)每秒的執行指令數 (D)每秒的位元數。

APP 解答

1	D	2	A	3	C	4	D	5	B

單元 45. 3D列印

1. 3D建模軟體

(1) 常見的3D建模軟體：**SketchUp**、**AutoCAD**、**TinkerCAD**、**3D Builder**、Blender、Fusion 360、MAYA、SolidWorks、Inventor 3D等。

(2) 3D建模軟體與工業用CAD軟體通常存檔為**STL**格式。

2. 3D成型技術

在眾多成型技術中，以**材料擠製成型**與**光固化技術**最為普遍。

(1) **材料擠製成型**(FDM、FFM)

- 原理：與熱熔膠槍相似，都是先將塑料加熱到半液態膏狀，再經過噴嘴擠出塑料後冷卻成型。
- 優點：**設備技術門檻較低**、**價格便宜且容易普及**。
- 缺點：製作出的成品堆疊紋路明顯、列印的品質也會影響到成品的強度、製作時間較長。
- 常見的材料：**ABS**、**PLA**、Nylon等。

(2) **光固化技術**(SLA、DLP)

- 原理：在液態樹脂中用雷射光投射3D圖樣，讓對於光線敏感的樹脂逐層硬化成型。
- 優點：光固化成品**表面光滑細緻**，**適合製作高精度與複雜結構的物件**，例如：客製化耳機、牙科模型。
- 缺點：需要經由二次固化以提升成品硬度。
- 常見的材料：**光敏樹脂**。

PLAY 考題

娜美手繪的漫畫人物栩栩如生，她想在網路商城販賣自己設計的海賊王公仔，也已經有多件客人委託設計的公仔高價賣出，所以很認真測試著3D列印的各式機台以及比較材質差異。

( ) 1. 下列哪一項是目前市場上最普遍且便宜的積層製造技術？ (A)材料擠製成型(FDM、FFM) (B)粉體熔融成型技術(SLS、SLM) (C)疊層製造成型(LOM) (D)光固化技術(SLA、DLP)。

( ) 2. 下列哪一項是3D列印機能讀取的常用格式？ (A)PNG (B)DXF (C)STL (D)DOCX。

( ) 3. 下列何者不是常用於3D列印機的線材材質？ (A)ABS (B)PLA (C)Nylon (D)GaP。

( ) 4. 有關3D列印機噴嘴頭最佳的溫度狀態，可視擠出成形為以下何種狀態？ (A)液態狀 (B)固態狀 (C)氣態狀 (D)半液態膏狀。

APP 解答

1	A	2	C	3	D	4	D

Smart 解析

3.(A) ABS是丙烯腈丁二烯苯乙烯
(B) PLA是聚乳酸
(C) Nylon是尼龍材質
(D) GaP是磷化鎵為半導體材料。

單元 46. 各類單位

1. 電腦記憶單位

容量單位	換算公式
bit(位元)	電腦儲存資料的最小單位，只有0/1兩種
Byte(位元組)	1 Byte= 2^3 bits = 8 bits
KB	1 KB = 2^{10} Bytes = 1024 ≒10^3 Bytes
MB	1 MB = 2^{20} Bytes = 1024×1024 ≒10^6 Bytes
GB	1 GB = 2^{30} Bytes ≒10^9 Bytes
TB	1 TB = 2^{40} Bytes ≒10^{12} Bytes
PB	1 PB = 2^{50} Bytes ≒10^{15} Bytes
EB	1 EB = 2^{60} Bytes ≒10^{18} Bytes
ZB	1 ZB = 2^{70} Bytes ≒10^{21} Bytes

2. 時間單位

單　位	換算公式
ms(毫秒)	1ms=10^{-3} s(秒)
μs(微秒)	1μs=10^{-6} s
ns(奈秒)	1ns=10^{-9} s
ps(披秒)	1ps=10^{-12} s

3. 電腦系統速度

(1) **MIPS**：每秒能執行的百萬(10^6)個指令數。

GIPS：每秒能執行的十億(10^9)個指令數。

(2) **MHz**(百萬赫茲，**1M=10^6**)、**GHz**(十億赫茲，**1G=10^9**)：時脈頻率，通常用來標示CPU的速度值。

4. 印表機列印速度單位

(1) **PPM**：每分鐘列印的頁數，適用於噴墨式、雷射印表機。

(2) CPS：每秒鐘列印的字數，適用於點陣式印表機。

5. 光碟機讀寫速度

(1) **CD**光碟機：**單倍速指150KBytes/s**(即每秒150KBytes)。

(2) **DVD**光碟機：單倍速指**1350KBytes/s**。

(3) 藍光**BD**光碟機：單倍速指**4.5MBytes/s**。

6. 其他電腦周邊單位

(1) pixel：像素，組成數位影像(點陣圖)的最小單位。

(2) **dpi**：每英吋的點數，**用來表示設備的解析度**，如：印表機列印解析度、掃描器解析度。

(3) **ppi**：每英吋的像素量，**用來表示影像的解析度**，如：1024×768ppi的影像檔，表示此影像寬有1024像素，高有768像素。

(4) **RPM**：每分鐘碟片旋轉的圈數，**指硬碟的轉速**。

7. 網路傳輸單位

單　位	換算公式
bps	bit per second
Kbps	1 Kbps＝10^3 bps
Mbps	1 Mbps＝10^6 bps
Gbps	1 Gbps＝10^9 bps

PLAY 考題

( ) 1. 何者為電腦的記憶單位？
(A)CPS (B)MB (C)DPI (D)PPM。

( ) 2. 雷射印表機的列印速度為？
(A)PPM (B)DPI (C)CPS (D)RPM。

( ) 3. 魯夫至3C大賣場買了一部標示10000RPM的硬碟，10000RPM指的是硬碟的何種規格？
(A)尺寸大小 (B)價格 (C)容量 (D)轉速。

( ) 4. 下列有關電腦各類單位的敘述，何者是錯誤的？ (A)GB是主記憶體的存取速率單位 (B)GHz通常用來標示CPU的速度值 (C)掃描器的解析度以DPI表示 (D)Kbps為網路的傳輸單位。

( ) 5. 在下列電腦相關單位中，何者與速度無關？
(A)bps (B)ppi (C)KBytes/S (D)RPM。

APP 解答

1	B	2	A	3	D	4	A	5	B

單元 47 計算題攻略

1. 記憶單位轉換

例 (A) 某一張圖檔的大小為256KB，相當於？ (A)256×2^{-10} MB (B)256×2^{-30} GB (C)256×2^{20} Bytes (D)256×2^{23} bits。

解 $256\text{KB}=256\times2^{-10}$ MB$=256\times2^{-20}$ GB
$=256\times2^{10}$ Bytes$=256\times2^{13}$ bits。

2. 電腦系統速度

例1 (B) 某微處理機執行速度為5 GIPS，執行一兆個指令共需多少時間？ (A)100秒 (B)200秒 (C)250秒 (D)500秒。

解 5 GIPS(每秒能執行的十億個指令數)表示每秒可執行5×10^{9}個指令，所需時間$=10^{12}/(5\times10^{9})=200$秒。

例2 (D) 若有一CPU為800 MIPS、4 CPI，其中的CPI(Clock cycle Per Instruction)值表示平均執行每個指令所需的時脈週期數，則此CPU的最低工作頻率為多少？ (A)2 GHz (B)4 GHz (C)1 GHz (D)3.2 GHz。

解 $800\times10^{6}\times4=3.2\times10^{9}=3.2$ GHz。

例3 (A) 某CPU的指令運作週期所需花費的時間分別是：指令擷取時間為0.25ns、指令解碼時間為0.25ns、執行指令時間為0.5ns、儲存時間為1ns。如果執行1個指令需要2個時脈，則此CPU的執行速度約為多少？ (A)1 GHz (B)0.5 GHz (C)100 MHz (D)250 MHz。

解 **指令週期所需時間=擷取時間+解碼時間+執行時間+儲存時間**＝0.25＋0.25＋0.5＋1＝2ns。

執行1個指令需要2個時脈，所以1個時脈＝2/2＝1ns。

CPU的執行速度＝$1/(1\times10^{-9})=1\times10^{9}$＝1 GHz。

3. CPU時脈週期

例1 (C) Intel Core i7-980×3.2G的CPU時脈週期為？
(A)3×10^{-3} s　(B)300 ms　(C)0.3 ns　(D)30 ps。

解 **時脈週期=1/頻率**
＝1/(3.2G) 秒＝$1/(3.2\times10^{9})$ 秒＝0.3×10^{-9} 秒
＝3×10^{-10} s＝3×10^{-7} ms＝3×10^{-1} ns＝0.3 ns
＝3×10^{2} ps＝300 ps。

例2 (A) 某CPU標示的時脈頻率為2GHz，若執行1個指令需要4個時脈週期，則執行1個指令需要花費多少時間？
(A)2ns　(B)0.5ns　(C)1.25ms　(D)8ps。

解 **時脈週期=1/頻率**＝$1/(2\times10^{9})$秒＝0.5×10^{-9} 秒，所以執行1個指令需要花費$4\times0.5\times10^{-9}$秒＝2ns。

4. 傳輸速率

例 (B) 租用8M/640K的ADSL，自網路下載300MB的遊戲軟體至少需要多少的時間？　(A)1分　(B)300秒　(C)30分　(D)10分。

解 **所需的時間=檔案大小/傳輸速率**
＝300M Bytes/8M bits
＝$(300\times10^{6}\times8)/(8\times10^{6})$秒
($\because$ 1M Bytes ≒ 10^{6} Bytes)
＝300秒　$\therefore$ 至少需時300秒。

5. 硬碟容量

例 (D) 一硬碟是由5片碟片製成，其中最上面那張碟片之朝上的那一面，及最下面那張碟片之朝下的那一面，不存資料，每面有100軌，每軌有20個磁區，每磁區存512 Bytes，則此硬碟的容量約為多少？ (A)1.38GB (B)7200bits (C)72KB (D)7.8MB。

解 **硬碟的容量=讀寫頭數(或可用的磁面數)×每面的磁軌數×磁區×每磁區的容量**
=8×100×20×512Bytes=8000KB≒7.8MB。

6. 硬碟轉速

例1 (B) 一個硬碟的轉速是7200RPM，則此硬碟碟片旋轉一圈需時？ (A)1.38s (B)8.3ms (C)7.2μs (D)7200ps。

解 RPM為一分鐘的轉數，**轉1圈所需時間=(1×60)/RPM秒**
=1/7200×60sec=0.0083sec=8.3ms(1s = 1000ms)。

例2 (C) 硬碟的轉速是10000RPM，找尋時間為5ms，資料傳輸速率為10MB/s，則存取同一個磁柱內5MB資料的存取時間(Access Time)約為多少？ (A)5ms (B)0.5ms (C)508ms (D)511ms。

解 **磁碟存取時間=找尋時間+平均旋轉時間+資料傳輸時間**
=5ms+60/(10000×2)秒+(5MB/10MB)秒
=5ms+3ms+500ms=508ms。

7. 螢幕解析度

例 (C) 以1600×1200的解析度顯示一張全彩(24 bits/pixel)、全螢幕的畫面時，約需多少記憶空間？ (A)2MB (B)4MB (C)6MB (D)8MB。

解 **檔案大小=解析度(即總點數)×每點所佔的大小**
=1600×1200×24 bits=1920000×(24/8) Bytes
=5.76M Bytes ∴至少需6MB的記憶體空間。

8. 影像尺寸大小

例 (B) 一張3×5吋的照片，使用解析度為600dpi的掃描器掃描至電腦內，在影像處理軟體中設定為2倍數位解析度(即1200ppi)後，再由印表機輸出，則照片的大小會變成多少？ (A)3×5 (B)1.5×2.5 (C)6×10 (D)1×2。

解 3×5吋照片掃描後共有
(3×600)×(5×600)點＝1800×3000點。
高的尺寸=高的點數/解析度＝1800/1200＝1.5吋
寬的尺寸=寬的點數/解析度＝3000/1200＝2.5吋

9. 運算符號數目

例1 (D) 以2Bytes編碼，最多可以表示多少個不同的符號？
(A)2 (B)128 (C)32768 (D)65536。

解 **使用n位元最多能表示2^n種符號**＝2^{16}＝65536種符號。

例2 (A) 某一系統能表示0～128的所有整數，最少要用多少位元才可以表示這些符號？ (A)8 (B)10 (C)255 (D)256。

解 使用n位元最多能表示2^n種符號，0～128的所有整數共129個符號。$2^n \ge 129$ $\therefore n = 8$。

10. 十進位與其他進位轉換

例 $20.375_{10} = (\qquad)_2 = (\qquad)_8 = (\qquad)_{16}$

解 十進位轉成任何進位時，**整數部分用除的，由下往上取餘數；小數部分用乘的，由上往下取整數**。

整數部分：

除數	被除數		餘數
2	20		
2	10	…	0
2	5	…	0
2	2	…	1
2	1	…	0
	0	…	1

（餘數由下往上讀）

小數部分：

$$\begin{array}{r} 0.375 \\ \times \quad 2 \\ \hline 0.750 \\ 0.75 \\ \times \quad 2 \\ \hline 1.500 \\ 0.5 \\ \times \quad \times 2 \\ \hline 1.0 \end{array}$$

（整數位由上往下讀）

$\therefore 20.375_{10} = (10100.011)_2 = (24.3)_8 = (14.6)_{16}$。

11. ASCII字元碼

例 (A) 已知"0"的ASCII碼二進位表示00110000，請問"5"的ASCII碼十六進位表示為？ (A)35 (B)5 (C)05 (D)59。

解 5的ASCII碼＝0的ASCII碼＋5_{10}

$= 00110000_2 + 5_{10} = 48_{10} + 5_{10} = 53_{10} = 35_{16}$

PLAY 考題

( ) 1. 魯夫帶了他的最新相機開始這次航海冒險，拍了一系列的驚險照片。若一張相片佔2MBytes，則5GB行動隨身碟可存放幾張照片？

(A)640 (B)1280 (C)2560 (D)3200。

( ) 2. 下列敘述，何者正確？ (A)某微處理機執行速度為5 MIPS，則執行2億個指令共需多少時間為5秒 (B) Intel i380-2.5GHz的CPU時脈週期為1ns (C)某一硬碟其轉速為8000RPM，則此硬碟碟片旋轉一圈需時7.5ms (D)1TBytes的儲存容量等於2^{10}MBytes。

(　) 3. 以一條傳輸速率為10Mbps的網路線直接連接主機A與主機B，若主機A欲傳輸一個5MB的音樂檔案至主機B，則傳送該檔案所需的傳輸時間最少為幾秒？

(A)1 秒　(B)2 秒　(C)4 秒　(D)8 秒。

(　) 4. 若設定螢幕解析度為1024×768，全彩(24 bits/pixel)模式，試問一個300×200的對話方塊圖案，需佔用多少記憶空間？　(A)180KB　(B)500KB　(C)1MB　(D)2MB。

(　) 5. 一張3×2吋大頭貼照片，利用掃描器掃描輸入電腦，掃描器的解析度設定為600dpi，若以2倍解析度(即1200dpi)的印表機將影像輸出，則印出的大小是？

(A)6×4　(B)1.5×1　(C)12×8　(D)3×2。

(　) 6. 某一軟體只能以2Bytes儲存一個符號，請問這個軟體能提供多少符號讓使用者使用？

(A)10^2　(B)65536　(C)32768　(D)4。

(　) 7. 航海寶藏圖中有各種各樣的神祕密碼符號，魯夫想將這500種符號用新科技的電腦系統表示，試問最少要用多少位元才可以表示這些符號？

(A)8　(B)9　(C)10　(D)128。

(　) 8. 下列敘述，何者正確？　(A)$182_{10}=10110100_2$　(B)八進位的37和25之值做AND運算後，其以16進位表示為36　(C)十六進位值52等於十進位值85　(D)已知"A"的ASCII碼二進位表示1000001，則"S"的ASCII碼十六進位表示為53。

APP 解答

1	C	2	C	3	C	4	A	5	D	6	B	7	B	8	D

Smart 解析

1. 1GB=1024MBytes，$(5\times1024)/2=2560$張。
2. (A) 5MIPS表示每秒可執行5百萬個指令$=5\times10^6$，故執行2億個指令所需時間$=(2\times10^8)/(5\times10^6)=40$秒
   (B) 2.5GHz是每秒有2.5×10^9個時脈，
   一個時脈週期$=1/(2.5\times10^9)=0.4$ns
   (C) 60/8000=0.0075秒=7.5 ms
   (D) 1TBytes$=2^{20}$MBytes。
3. 5MBytes/10Mbits$=(5\times10^6\times8$ bits$)/(10\times10^6$ bits$)=4$秒。
4. $300\times200\times24$ bits$=60000\times(24/8)$Bytes$\fallingdotseq176$KBytes。
5. 列印的尺寸大小與印表機的解析度無關，所以列印出來的大小仍然是3×2吋。
6. 2Bytes=16bits，能提供的符號數$=2^{16}$個=65536個。
7. $2^n\geq500\rightarrow n=9$。
8. (A) $182_{10}=10110110_2$
   (B) $(37)_8$ AND $(25)_8$ =
   $(011111)_2$ AND $(010101)_2=(010101)_2=(21)_{10}=(15)_{16}$
   (C) $(52)_{16}=(82)_{10}$
   (D) S的ASCII碼$=1000001_2+18_{10}=1010011_2=53_{16}$。

單元48. 專有名詞

1. 科技生活

中文	英文	說　明
虛擬實境	VR	以電腦為主所設計的虛擬環境，用來模擬真實世界的技術
擴增實境	AR	將電腦產生的虛擬影像與真實世界中的環境相結合，產生混合影像，並可進行互動
人工智慧	Artificial Intelligence	賦予電腦能像人一樣智慧思考的科學，表現出獨立思考的特性
弱AI	Narrow AI	系統只專注於單一特定的技術領域，能展現出相當或更勝人類的表現
強AI	General AI	系統具備與人類相當的認知與行為表現
韌體	Firmware	將運作的軟體存放在硬體內
	App	支援智慧型手機及平板電腦的應用軟體
資料處理	DP	將資料轉成資訊的過程
批次處理	Batch	適合大量且較不需立即處理的資料，如：水電費處理
即時處理	Realtime	立即處理及回應，適合具時效性的資料，如：導航系統
分時處理	Timesharing	各個工作輪流使用CPU來處理，如：同時上網及列印資料
交談式處理	Interactive	以問答的方式，完成資料處理的工作，如：自動櫃員機
連線(線上)處理	Online	CPU和輸出入設備隨時保持連結狀態，如：電腦與數據機連線

中文	英文	說　明
離線處理	Offline	CPU和輸出入設備未保持連結狀態，如：離線瀏覽網頁
集中式處理	Central	集中在同一部電腦處理，如：線上測驗系統
分散式處理	Distributed	由分散各地的電腦處理，如：單機測驗題庫再傳送至主機
資訊家電	IA	具備上網、資訊存取控制的功能，方便和資訊設備連結使用
體感遊戲		以人體動作取代搖桿、滑鼠來移動遊戲中的事物，如：Wii、Kinect、Sony的@Move
穿戴裝置		將網路科技與穿戴設備結合而成的多功能裝置，如：Google Glass、Apple Watch
生物辨識		透過電腦科技辨識，如：指紋、掌紋、虹膜等生物特徵，進行安全控管、個人身分辨識
影像辨識		針對影像特徵進行比對，以達到辨識與管理的目的。如：酒標辨識APP、植物辨識APP
資訊科技	IT	泛指處理資訊的技術
電腦輔助設計	CAD	利用電腦軟體在電腦上設計、規劃產品的圖形
電腦輔助製造	CAM	利用電腦控制產品的製造過程，使製造過程更有效率
電腦輔助工程	CAE	將工程的進行予以電腦化
電腦輔助軟體工程	CASE	利用電腦輔助軟體的開發
電腦整合製造	CIM	利用電腦控制產品的設計、測試、製造等一連串作業

中文	英文	說　明
3D列印機	3D printing	將三維設計圖像轉換積層製造的成型機器
材料擠製成型技術	FDM	將塑料加熱到半熔融的狀態，再經過噴嘴擠出塑料，在機台的高溫底板上依序堆疊而上，冷卻後就會形成固態成品
光固化技術	SLA	用雷射光線照射液態樹脂，讓光敏特性的樹脂逐層硬化成型的方式
個人工作室	SOHO	不必侷限固定的場所工作
	3A	辦公室自動化(OA)、家庭自動化(HA)、工廠自動化(FA)
	3C	電腦(Computer)、 通訊(Communication)、 消費性電子(Consumer Electronics)
電腦輔助教學	CAI	將教材做成電腦軟體，讓學生搭配學習使用
遠距教學		利用網路實施教學活動，任何時間都可以上課，不受時空限制
行動條碼	QR Code	二維空間條碼，3個角有類似「回」的圖樣，用來幫助讀碼時的定位
大數據	Big Data	能處理極龐大、即時、多樣化資料的技術
開放資料	Open Data	經過挑選與許可的資料，可以開放給社會大眾自由使用
物聯網	IoT	利用感測器取得物體訊息，並藉由網路來做訊息交換
智慧物聯網	AIoT	人工智慧結合物聯網
邊緣運算	Edge Computing	在更接近資料來源的位置就近運算分析，避免回送中央單位運算而產生延遲現象
無線射頻識別系統	RFID	可取代條碼的一種以無線電波傳送識別資料的辨識系統

中文	英文	說　明
近場通訊	NFC	短距離的無線通訊技術。設備能在近距離(20cm)內進行非接觸式點對點通訊，如：交通卡、門卡、手機電子錢包等
電子商務	E-Business E-Commerce	以網路24小時服務的特質從事商業行為
行動商務	M-Commerce	利用行動裝置配合無線通訊方式從事有關商務的行為
企業對企業	B2B	上下游廠商之間資訊整合及交易，如：物流管理系統
企業對消費者	B2C	又稱消費性電子商務，如：網路書局
消費者對企業	C2B	以消費者為導向的行銷方式，主導權掌握在消費者上，如：愛合購ihergo團購網
消費者 對消費者	C2C	賣家無需成立公司，產品種類較為豐富、範圍較廣，可以運用部落格、網路拍賣平台進行行銷，如：網路拍賣
政府對民眾 的服務	G2C	政府透過網路為民眾提供各種服務，如：稅務申報
政府對企業 的服務	G2B	政府透過網路為企業提供公共服務，如：電子採購與招標
政府對政府 的服務	G2G	行政機關之間的電子化政務，如：電子公文
線上對線下	O2O	業者利用網路進行線上(Online)廣告行銷活動，吸引消費者到實體店面線下(Offline)消費，實現線上銷售、線下服務的整合
行動支付		使用行動裝置進行付款服務，如：蘋果公司的Apple Pay
比特幣	Bitcoin	使用數位加密演算所產生的一種虛擬貨幣

中文	英文	說　明
區塊鏈	Blockchain	不需經由銀行認證交易的分散式電子帳本
數位貨幣		比特幣、以太幣、萊特幣
金融科技	FinTech	一種虛實整合的雲端金融應用，由新創企業運用新興科技經營傳統金融業務
銷售時點系統	POS	用於統計商品庫存、銷售、顧客購買行為等，有效提升經營效率的電子系統
全球資訊網	WWW	以http通訊協定開啟超文件標示語言所撰寫的網頁
	Google Earth	地圖資訊內容由衛星所拍攝，清晰畫質和空拍圖相近
	Google Maps	可使用瀏覽器檢視某地點的地圖、聯絡資訊和行車路線
地理資訊系統	GIS	整合相關地理資料的資訊系統
全球定位系統	GPS	利用衛星及地面的接收器來定位，可運用於導航系統
輔助全球衛星定位系統	AGPS	藉由無線基地台信號和行動裝置(如：手機)的GPS接收器完成定位
適地性服務	LBS	整合GPS、行動通訊和GIS等技術，提供近距離的服務
維基百科	Wikipedia	容許任何上站的人不必登入、可以編修內容，供多人合力創作的開放式網站
	YouTube	提供上傳、觀看及分享短片的網站
網路語音服務	VoIP	以封包的型式，透過電腦語音裝置進行電話交談，如：Skype網路電話
檔案傳輸	Ftp	透過網路進行檔案的傳輸(上傳或下載)
電子佈告欄	BBS	網際網路上的佈告欄，如：PTT
隨選視訊	VOD	一種互動式的電視系統，觀賞者可以隨時選擇想看的電視節目或控制節目的播放

中文	英文	說　明
遠端登錄	Telnet	透過網路登錄(login)到遠端電腦主機，本地端電腦成為其終端機
檔案搜尋	Archie	尋找特定關鍵字檔案，再以ftp去抓取
網路電視	IPTV Web TV	利用網路傳輸節目內容，是一種互動式的隨選視訊，如：MOD(中華電信推出)、Apple TV等
雲端運算	Cloud Computing	建立於網際網路上的運算方式，如：Google Docs(Google文件)、MS Live Office、WebMail等。三種服務模式：軟體即服務(SaaS)、平台即服務(PaaS)、基礎架構即服務(IaaS)
雲端儲存		網路線上儲存的模式，如：網路硬碟、線上儲存等。如：iCloud、Google Drive、DropBox和OneDrive
分散式運算架構	Distributed computing	當本地端的資源不足時，就透過網際網路向遠端分散的電腦集結資源
虛擬化	Virtualization	將數台伺服器的運算能力，匯聚成一台超級電腦的效能
網格運算	Grid Computing	透過網路標準架構，對跨網域的分散資料進行運算處理
公用雲	Public Cloud	雲端服務提供者建置與運作，透過網際網路提供虛擬化伺服器、儲存體等運算資源，依照使用量收費，較自己建置維護便宜，部分資源另有開放免費額度提供使用。
私有雲	Private Cloud	雲端服務架構是在企業或組織的內部網路中維護，即為私有雲
混合雲	Hybrid Cloud	結合公用雲與私有雲架構，可讓資料與應用程式可在兩者之間共通互用
資料探勘	Data Mining	從龐大的資料內容裡找尋有用，且尚未被觀察出來的關聯規則

中文	英文	說　明
商業智慧	Business Intelligence	執行指標數據挖掘、數據報表視覺化以及數據預測，以協助企業主管決策
資料量龐大	Volume	大數據資料無法以傳統方式進行儲存與分析
資料多樣性	Variety	有非結構(文字、圖像、影音)與半結構類型數據(資料內容缺漏)
資料即時性	Velocity	連網便利與行動載具普及，使得網路數據的生成速度飛快
資料真實性	Veracity	資訊爆炸的時代中，正確辨識與過濾出有用的資訊格外重要

2. 硬體

中文	英文	說　明
積體電路	IC	將電路所有元件(如：電晶體、電阻等)濃縮在一片晶片
中央處理單元	CPU	電腦系統的核心，包含控制單元、算術邏輯單元(ALU)及部分的記憶單元
資料匯流排	Data Bus	半雙工傳輸，傳送資料
位址匯流排	Address Bus	單工傳輸，傳送資料在記憶體的位址，選擇欲使用的裝置
控制匯流排	Control Bus	單工傳輸，傳送控制訊號
程式計數器	PC	一種暫存器，儲存CPU下一個要執行的指令位址
指令暫存器	IR	儲存CPU正在執行的指令
位址暫存器	MAR	存放CPU要存取的資料在主記憶體中的位址
累加暫存器	ACC	儲存ALU計算產生的中間結果
旗標暫存器	FR	可隨時記錄CPU執行完各種運算後的狀態

中文	英文	說　明
機器週期	Machine Cycle	指令運作順序：擷取指令→指令解碼→執行指令→回存結果。擷取及解碼合稱擷取週期(Fetch cycle)，執行及儲存合稱執行週期(Execute cycle)
平行處理		CPU同時處理多個執行緒，以加快處理速度，多核心CPU 可充份發揮平行處理的效果
管線運算		將指令週期切割成多個單位，即使第一個指令尚未完成，也可開始執行下一個指令，藉以提高CPU執行的效率
隨機存取記憶體	RAM	可讀取及寫入資料，電源消失時儲存的資料也會消失
動態隨機存取記憶體	DRAM	製造元件為電容器，需週期性充電，一般個人電腦所指的記憶體
靜態隨機存取記憶體	SRAM	製造元件為正反器，不需週期性充電，可作快取記憶體
唯讀記憶體	ROM	可讀取但不能寫入資料，電源關閉後資料仍會保留
快閃記憶體	Flash ROM Flash Memory	具電源消失資料仍會保留及資料可讀寫的特性，應用在記憶卡、隨身碟、主機BIOS等
快取記憶體	Cache Memory	採SRAM材質，用來存放常用程式指令與資料，提昇電腦執行速度
虛擬記憶體	VIrtual Memory	將部分硬碟空間當作主記憶體，彌補主記憶體空間不足
虛擬磁碟機	RAM Disk Virtual Disk	將部分主記憶體空間當作磁碟，加快存取速度
資料緩衝區	Data Buffer	提供程式執行列印、讀取資料時，存取資料記錄的暫時儲存區
固態硬碟	SSD	採用Flash Memory的儲存媒體，具低功耗、無噪音、抗震動、產生較低熱量的特點

中文	英文	說　明
混合式硬碟	SSHD	結合傳統硬碟(容量大)和固態硬碟(速度快)的優點
不斷電系統	UPS	可在電力中斷後，繼續提供電力
網路攝影機	WebCam IPCAM	經由網路可觀看即時影像
行動高畫質連結技術	MHL	使用micro-USB連接行動裝置至電視播放，可替裝置充電
	PS/2	序列傳輸，連接PS/2規格的鍵盤和滑鼠
序列埠、串列埠	Serial Port，RS232C	序列傳輸，分為COM1及COM2，連接滑鼠、撥接數據機
平行埠、並列埠	Parallel Port	一般稱為LPT1，並列傳輸，連接印表機、掃描器
通用序列匯流排	USB	序列傳輸，具熱插拔及P&P，最高連接127個周邊設備，能提供電源充電，支援的設備如：數位相機、隨身碟等
火線	IEEE1394 (FireWire)	序列傳輸，具熱插拔及P&P，最高連接63個設備，能提供電源充電，支援的設備如：數位相機、DV攝影機
	HDMI	序列傳輸，具熱插拔及P&P，屬於影音傳輸介面，可傳送影音的數位訊號
	DisplayPort	序列傳輸，具熱插拔及P&P，可連接1個以上的螢幕組成電視牆，主要用來連接螢幕、家庭劇院設備
	Thunderbolt	序列傳輸，具熱插拔及P&P，最高連接6個設備，能提供電源充電，可用來連接螢幕、外接顯示卡、外接式硬碟
	RJ-45	序列傳輸，連接網路線
	PCI	並列傳輸，連接各種介面卡，可安插網路卡、音效卡等
	PCI Express	序列傳輸，可用來連接各種介面卡及顯示卡

中文	英文	說　明
	IDE	並列傳輸，1條IDE線最多可連接2個設備
	SATA eSATA	序列傳輸，1條SATA排線只可連接1個設備。eSATA是SATA的外接延伸連接埠，通常用來連接外接式硬碟
	SCSI	並列傳輸，最多連接15個設備，用來連接硬碟或光碟機
序列式SCSI	SAS	序列傳輸，最多連接8個設備，與SATA裝置相容
磁碟陣列卡	RAID Card	組合多個硬碟成為1個邏輯磁區，適用於大容量儲存空間、伺服器電腦
紅外線通訊	IrDA	使用紅外線傳輸，有傳輸夾角限制，不能穿透牆壁
藍牙	Bluetooth	使用無線電傳輸，沒有傳輸夾角限制，常用於免持聽筒等
基本輸入/輸出系統	BIOS	儲存於主機板上ROM中的軟體，可設定CMOS的內容，不能設定螢幕解析度，電源關閉後資料不會消失
統一可延伸韌體介面	UEFI	新一代BIOS的替代方案，定義作業系統與韌體之間的軟體介面
互補金屬氧化半導體	CMOS	位於主機板上的硬體裝置，內容可更改，儲存磁碟機的規格、開機順序、系統日期及時間等
美國國家標準交換碼	ASCII	現今多數的電腦系統大都採用8bits，字元ASCII碼大小順序：空白＜數字＜大寫字母＜小寫字母
繁體中文內碼	BIG-5	國內盛行的中文內碼，中國大陸採用的標準內碼稱為GB碼(國標碼)
萬國碼	Unicode	使用2 Bytes編碼，完整收集全世界各大語系的文字

3. 軟體

中文	英文	說明
作業系統	OS	電腦硬體與應用軟體之間溝通的橋樑
核心程式	Kernel	開機時先被載入的程式，負責軟硬體控制及資源分配
版本控制	Version Control	可完整呈現文件更動的歷史紀錄、多人共編時能夠顯示更動者與更動處、可比較各版本優劣
單人單工		同一時間只能一個人操作，一次執行一個程式
單人多工		同一時間只能一個人操作，能同時執行多個程式
多人多工		同一時間允許多人同時操作，能同時執行多個程式
圖形使用者介面	GUI	以圖示做為使用者操作的介面
隨插即用	P&P (Plug & Play)	硬體插入朧腦時會自動辨識並安裝驅動程式
動態資料交換	DDE	利用「剪貼簿」於不同應用軟體間交換資料
物件連結與嵌入	OLE	可連結或嵌入不同軟體的物件
應用程式介面	API	提供給第三方開發者使用，讓不同應用程式方便介接資料的連結標準
共通性應用程式介面規範	OAS	提供一致性的API規格與說明文件，支援Web連線服務，能讓開發者透過應用程式連接網站及存取網站上的資料
	Windows 10	微軟的最新作業系統
	MS-DOS	微軟的純文字介面作業系統
	UNIX	美國貝爾(Bell)實驗室所開發多人多工作業系統

中文	英文	說明
	Linux	開放原始碼的多人多工作業系統，屬於自由軟體
	Mac OS	Apple的作業系統，廣泛應用於出版及音樂專業領域
	Chrome OS	Google開發以Linux為基礎的雲端作業系統
	iOS	iPhone使用的行動作業系統
	Android	開放原始碼的行動作業系統
網路作業系統	NOS	能用來做為網路伺服器(Server)的多人多工作業系統
絕對路徑		包含完整的路徑，包括磁碟機、資料夾和檔案名稱
相對路徑		相對於現在目錄的路徑
電腦系統管理員	Administrator	Windows作業系統的最高權限帳戶名稱
磁碟重組		將磁碟中的檔案重組整理，提升系統存取檔案的效率
磁碟清理		清除電腦中可安全刪除的檔案
磁碟檢查		檢查磁碟的邏輯與實體錯誤
磁碟分割		將一個磁碟分割成數個不同的磁碟區
系統還原		將電腦還原到先前設定的時間點
系統備份		建立系統磁碟映像檔，必要時可將備份檔還原
檔案配置表	FAT32、NTFS、exFAT	作業系統用於記錄硬碟上檔案存儲位置的方法，NTFS提供了更好的性能、穩定性和磁碟的利用率
資料庫系統	Database System	由多個資料庫、資料庫應用程式以及資料庫管理系統所共同構成
資料庫	Database	將資料有規則、有順序的集合儲存的地方

中文	英文	說明
資料庫管理系統	DBMS	管理資料庫內資料存取的系統，為使用者和資料庫間的介面
資料庫應用程式	Database Application	透過資料庫管理系統連線存取資料庫中的各項紀錄，透過簡易且人性化的操作介面，提供便捷輸入的表單或顯示搜尋結果
結構化查詢語言	SQL	屬於關聯式資料庫的標準語言
關聯式資料庫	Relational Database	資料須依規則、有順序的集合儲存，能提供數據的一致性與完整性，採用SQL語法管理資料庫
非關聯式資料庫	NoSQL	資料呈現非結構與半結構，可彈性水平擴充架構，克服大數據的異動困難，因此在巨量分析上有高效率與低成本表現，並且不採用SQL作為查詢語言(Not only SQL)

4. 網路

中文	英文	說　明
區域網路	LAN	短距離內的網路，如：校園網路
都會網路	MAN	都市型的網路，如：台北市WIFLY無線寬頻網路
廣域網路	WAN	範圍較廣的網路，如：網際網路
主從式網路	Client-Server	網路上的電腦區分成伺服器及客戶端，由伺服器提供資源，屬於集中管理，如：HTTP、FTP傳輸
點對點網路	P2P	網路上的電腦能彼此分享資源，屬於分散管理，安全性較差，如：P2P傳輸
單工傳輸	Simplex	資料只能單方向傳輸，如：廣播、電視、電腦列印資料

中文	英文	說　明
半雙工傳輸	Half-Duplex	資料可以雙方向傳輸，但在任一時刻只能單向，如：無線電對講機、傳真機
全雙工傳輸	Full-Duplex	資料可以同時雙方向傳輸，如：電話、ADSL數據機、電腦和電腦之間
並列傳輸	Parallel	一次同時傳輸多個位元，傳輸速率快，線路多，成本高，僅限短距離使用
序列傳輸	Serial	一次只傳輸1個位元，傳輸速率較慢，成本較低，可遠距離傳輸
基頻傳輸	Baseband	以「數位」訊號傳輸資料，同一時間只能傳輸一種信號，例：乙太網路
寬頻傳輸	Broadband	以「類比」訊號傳輸資料，同一時間能傳輸多種訊號，如：ADSL有線網路
網際網路	Internet	前身為1969年美國國防部成立的ARPANET網路
商際網路	Extranet	企業之上、下游相關企業所共同構成的網路
企業網路	Intranet	將網際網路技術應用到企業組織內部
台灣學術網路	TANet	免費提供學術及學校師生使用
網際網路服務提供者	ISP	能夠提供連線服務的單位，如：TANet、HiNet(中華電信)
網際網路內容提供者	ICP	網路上提供各種服務內容的廠商，如：Yahoo!奇摩、PChome、HiNet
非對稱數位用戶線路	ADSL	上傳速率＜下載速率；每個用戶獨享頻寬，安全性較佳
有線電視網路	CATV	用戶共用同一線路所以安全性較差，屬於共享頻寬
分散式光纖網路	FDDI	一種使用光纖的電腦網路
光纖到府	FTTH	光纖傳輸速度快，訊號不易受干擾。高速傳輸有助於未來的其他運用，如：IPTV、數位家庭、遠端監控等

中文	英文	說　明
光纖到大樓	FTTB	
光纖到路邊	FTTC	
熱點	Hotspot	在公共場所(圖書館、學校、車站等)提供可以無線上網(Wi-Fi)的AP
雙絞線	Twisted Pair	採用RJ-45接頭，使用於網路的雙絞線分7個等級，等級愈高支援的傳輸率就愈高，易受雜訊干擾
同軸電纜	Coaxial Cable	分粗、細同軸電纜，採用BNC接頭，較雙絞線不易受雜訊干擾
光纖	Fiber	材質為細如髮絲的玻璃纖維，傳輸速率快，干擾少，安全性高
紅外線	IR	有接收角度限制，易受天候、強光的影響，並且容易遭到竊聽，應用：無線滑鼠、無線印表機、無線鍵盤
無線電波		穿透力強、不限傳輸方向、不易受天候影響，應用：廣播、RFID、藍牙、Wi-Fi、手機
微波		易受干擾，以直線方式傳送，基地台間不能有障礙物，距離遠時須設中繼站，應用：GPS、SNG(即時電視新聞)
人造衛星		傳輸快、可長距離傳輸，應用：現場實況節目轉播
網路卡	NIC	負責傳輸媒體與電腦的連接和訊號的轉換
數據機	Modem	轉換電腦的數位訊號與電話線中的類比訊號
中繼器	Repeater	用來接收、修補、強化訊號，以延長網路傳輸距離
橋接器	Bridge	用來連接二個以上具有相同資料連結層協定的網路

中文	英文	說　明
集線器	Hub	星狀網路的中心設備，會將接收到的訊號傳送給所有連接埠，具有不能同時收送資料的半雙工傳輸特性
路由器	Router	利用封包中的IP位址傳輸和找出最佳路徑的功能，可作為區域網路(LAN)與廣域網路(WAN)連接的重要橋樑
交換器	Switch	能根據目的地選擇合適的連接埠傳送，可降低資料碰撞，每個連接埠擁有獨立頻寬，具備雙工傳輸能力，效率較佳
閘道器	Gateway	連接通訊協定完全不相同的二個網路，負責處理不同通訊協定的轉換
IP分享器、寬頻分享器		具有NAT協定及DHCP Server功能的集線器，能動態分配虛擬IP給連接的電腦使用，提供多個使用者(電腦)共用一個網路連線帳號
網路位址轉換	NAT	一種可讓多台電腦共用1個IP位址連上Internet的技術
網路拓撲	Topology	網路佈線方式，可分成星狀網路(Star)、環狀網路(Ring)、匯流排網路(Bus)、網狀網路/或稱混合式(Mesh)等。
網域名稱伺服器	DNS Server	負責IP位址與網域名稱轉換
動態主機設定伺服器	DHCP Server	負責分配動態IP位址及相關網路設定給客戶端
檔案傳輸伺服器	FTP Server	提供各式檔案供網友下載的主機
代理伺服器	Proxy Server	具快取功能，用來降低網際網路上傳輸負載的主機，也可當防火牆，保護自己的網路系統
開放式系統連接參考模式	OSI	定義7層次的網路通訊架構

中文	英文	說　明
實體層	Physical Layer	OSI第1層，定義網路傳輸中的設備規格
資料連結層	Data Link Layer	OSI第2層，加入MAC位址制定訊框(Frame)，解決資料碰撞
網路層	Network Layer	OSI第3層，加入IP位址產生資料封包(packet)，負責兩端點的路徑管理
傳輸層	Transport Layer	OSI第4層，監督資料封包傳輸的正確性、可靠性
交談層	Session Layer	OSI第5層，負責使用者連線管理
表達層	Presentation Layer	OSI第6層，將資料轉為電腦能處理的格式，如：加、解密
應用層	Application Layer	OSI第7層，負責使用者與網路間的溝通
通訊協定	Protocol	網路上硬體及軟體之間通訊的共同協定，如：TCP/IP
	TCP/IP	網際網路、UNIX採用的通訊協定
	HTTP	WWW傳輸協定
	FTP	檔案傳輸協定
	TELNET	遠端登錄協定
	mailto	啟動電子郵件軟體寄送信件
簡易郵件傳送協定	SMTP	郵件伺服器上的發信協定
電子郵件接收協定	POP3	郵件伺服器上的收信協定
網際網路訊息接收協定	IMAP	可直接在主機上編輯郵件，如：web mail
載波感測多重存取／碰撞偵測	CSMA/CD	乙太網路(Ethernet)採用的協定

中文	英文	說　明
乙太網路	Ethernet	利用CSMA/CD技術，以802.3通訊協定定義的區域網路架構
無線區域網路	WLAN	使用802.11協定，採用無線電波傳輸的區域網路架構
	Wi-Fi	無線通訊網路產品互通性的認證標籤
	IEEE802.11	使用無線電傳輸，適合使用在無線區域網路
無線基地台	AP	無線區域網路的傳輸中心
長期演進技術	LTE	透過修改3G基地台跟無線網路的無線通道技術，提升無線傳輸效率，LTE-A(俗稱4.5G)傳輸速率更高
IP位址	IP Address	網際網路每一部電腦都有唯一的IP位址
IPv4標準		一個IP位址由4組數字組成，每組範圍0～255，每組用1Byte(8位元)表示，長度為4Bytes(32位元)
IPv6標準		一個IPv6位址由8組數字組成，每組範圍0～65535(十六進位0000～FFFF)，每組用2Bytes(16位元)表示，長度為16Bytes(128位元)
網路卡實體位址	MAC Address	每一片網路卡都有獨一無二的卡號，由6組數字組成，每組佔1Byte，數字範圍是00～FF
子網路遮罩	Subnet Mask	用來分辨兩個IP位址是否屬於同一子網路環境
虛擬IP(私有IP)		提供給內部區域網路使用，無法連上Internet，可用來解決真實IP不敷使用的問題
動態IP位址	Dynamic IP Address	同一客戶端電腦被分配到的IP位址可能不同

中文	英文	說　明
全球資源定址器	URL	俗稱「網址」，用來標示網際網路所提供資源的方式，如：http://www.edu.tw
網際網路名稱與數字地址分配機構	ICANN	美國加利福尼亞的非營利社團，管理網域名稱和IP位址的分配
台灣網路資訊中心	TWNIC	台灣地區網域名稱的管理單位
首頁	Home Page	網站中第一個被瀏覽的網頁，主檔名通常為index或default
超文字標註語言	HTML	一種網頁設計語言
虛擬實境建模語言	VRML	用來描述立體空間虛擬實境的檔案格式
可延伸標示語言	XML	可自行定義標籤的網頁設計語言
可擴展超文件標示語言	XHTML	XHTML承襲HTML語法，但語法限制更嚴謹，同時和原本的HTML相容
	CGI	一種伺服端和客戶端之間的標準介面，常用來設計網頁資料庫存取
內容管理系統	CMS	整合網頁設計和網站架設，加快網站開發和減少成本，如：XOOPS、Joomla！和Drupal
階層樣式表	CSS	用來定義網頁內容(如：文字、表格、圖片等)的樣式及特殊效果的標準，可建立風格統一的網站
響應式網頁設計	RWD	使用CSS設計網頁，以百分比(不用像素)的方式做畫面寬度設計，可使網頁頁面在桌機、智慧手機及平板等不同畫面解析度(不同設備)下皆可正常瀏覽
	RSS	訂閱Blog、新聞及留言板等服務

5. 影音多媒體

中文	英文	說　明
像素	pixel	影像顯示的基本單位
點陣圖	Bitmap	數位影像由像素排列而成，檔案內儲存了每個像素的色彩
向量圖		利用數學運算儲存圖形的大小、位置、方向及色彩等資訊
設備解析度	dpi	每英吋包含的點數，如：印表機解析度
數位解析度	ppi	每英吋包含的像素量，如：影像解析度
RGB模式		顏色的表示是以紅(Red)、綠(Green)、藍(Blue)三原色
CMYK模式		顏色的表示是以青(C)、洋紅(M)、黃(Y)、黑(K)四色
色加法		色彩越加越亮，如：RGB模式
色減法		色彩越加越暗，如：CMYK模式
赫茲	Hz	聲音頻率的單位
分貝	dB	聲音大小的單位
取樣頻率		每秒對聲波取樣的次數，單位為Hz
影格速率	Frame rate	每秒可以播放的畫面數(fps)
位元率	bit rate	每秒鐘傳遞資料的位元數(bps)
	MP3	屬於MPEG-1標準中的聲音壓縮技術
	MPEG-1	VCD採用的影音壓縮技術
	MPEG-2	DVD採用的影音壓縮技術
	MPEG-4	壓縮比高於MPEG-2，常用於網路多媒體檔案的壓縮
	DivX/XviD	採用MPEG-4壓縮技術的串流影音檔
串流	Streaming	影音資料在Internet上一邊傳輸一邊播放的下載技術
動畫	Animation	人類視覺暫留現象，大腦會將快速撥放連續動作的畫面，視為動態影像的效果

6. 軟體授權

中文	英文	說　明
智慧財產權		包含商標權、專利權、著作權
© 著作權	Copyright	法律賦予著作人對其著作的保護，限制他人使用的自由
🄯 著佐權	Copyleft	仍保有著作權，允許他人修改和散佈作品
免費軟體	Freeware	有著作權，使用者不必付費即可複製、使用，但不能複製給其他人
共享軟體	Shareware	有著作權，需繳費予原著作權人始可合法使用
公共財軟體	Public Domain Software	不具有著作權，不必付費即可複製、使用
自由軟體	Free Software	有著作權(GPL授權)，允許使用者複製、使用、修改、自由販售，開放原始碼
創用CC	Creative Commons	保留部分權利，讓著作人可以釋出著作的部分權利給大眾合法引用
姓名標示	Attribution	必須保留著作者的姓名標示
非商業性	Noncommercial	僅限於非商業性目的
禁止改作	Attribution	不得改作產生衍生著作
相同方式分享	Share Alike	必須採用與原著作相同的授權條款

7. 資訊安全、電腦病毒

中文	英文	說　明
駭客	Hacker	試圖以破解某系統或網路的方式，提醒系統所有者電腦保安的漏洞
怪客	Cracker	入侵他人電腦竊取或破壞資料者
	Cookie	收集網站使用者資訊，可能會對隱私權造成風險
防火牆	Firewall	保護內部網路免於外界入侵，也可以用來加強內部網路安全
入侵偵測系統	IDS	用來偵測可能危及電腦和網路安全的攻擊，常用的偵測方式有特徵偵測、異常偵測
虛擬私有網路	VPN	大型企業在各地據點或分公司之間利用密碼學技術建立安全網路通道，確保流通資訊的安全
秘密金鑰密碼術	Secret Key Cryptography	屬於對稱密碼術，採用相同的金鑰(Key)加解密
公開金鑰密碼術	Public Key Cryptography	屬於非對稱密碼術，每人均有公開及私人二把金鑰，具有相關性
數位簽章	Digital Signature	傳送端以其「私人金鑰」產生簽章，接收方使用傳送端「公開金鑰」驗證簽章是否正確，可確定資料由傳送端發出，且能確保文件未曾受到任何篡改的完整性，如：網路報稅
秘密通訊		傳送端以「接收方的公開金鑰」加密，接收方以其「私人金鑰」才能解密，可確保只有收件人才能解密及閱讀
憑證管理中心	CA	具公信力的第三者，對個人及機關團體提供認證及憑證簽發管理等服務，例如：內政部憑證管理中心(MOICA)

中文	英文	說　明
數位憑證	Digital Certificate	包含持有人的資料及公開金鑰，自然人憑證(網路身分證)可向內政部憑證管理中心提出申請，使用如：網路報稅、電子公路監理站報繳規費等服務
電子商務安全交易	SET	由VISA、Master等信用卡公司與某些網路軟硬體廠商所共同制訂的網路付款交易安全機制，買賣雙方都必須取得數位憑證才能進行交易，可確認彼此身分的真實性
安全介面層協定	SSL	資料在網路上以加密的格式傳送，普遍應用於瀏覽器中，瀏覽器的URL出現『https』時，表示具有SSL/TLS加密保護機制。商家須先申請SSL數位憑證安裝到伺服器中，消費者則不必申請個人數位憑證，使用上比SET方便
傳輸層安全協定	TLS	
電腦病毒	Virus	具破壞力的程式，會進入記憶體(RAM)中進行感染及破壞，如：開機型、檔案型、巨集型、蠕蟲(Worm)、特洛依木馬、USB蠕蟲、間諜程式
惡意軟體	Malware	未明確提示或未經許可在用戶電腦安裝軟體，侵犯合法權益，如：廣告軟體(adware)等
漏洞		電腦軟體設計瑕疵，給予駭客攻擊的弱點
猜密碼		不斷猜測帳號與密碼，以入侵電腦
郵件炸彈	E-mail Bomb	不斷寄信導致信箱儲存空間不足以存下所有寄來的郵件
邏輯炸彈	Logic Bomb	符合預設條件(如：特定日期)便啟動，造成檔案損毀或當機

中文	英文	說　明
特洛依木馬程式	Trojan Horse	後門程式進駐系統(建立後門)以便入侵，或竊取機密資料
鍵盤側錄	Keylogger	取得電腦鍵盤按過的按鍵，擷取輸入的資料，如：用戶帳號及密碼、信用卡號碼
勒索軟體	Ransomware	加密檔案或鎖住電腦系統，必須付清贖金才能解密檔案或解鎖電腦
DoS阻絕服務	Denial of Service	瞬間產生大量封包，導致系統癱瘓
網路釣魚	Phishing	仿製網站登錄頁面，誘使使用者登入，騙取帳號、密碼
網頁掛馬		設立惡意網站吸引使用者，瀏覽該網站就可能會被植入木馬程式或間諜軟體
殭屍網路	BotNet	被入侵的電腦成為駭客可以從遠端操控的機器
資料隱碼	SQL Injection	將攻擊指令藏於查詢命令SQL中，以便入侵資料庫系統
零時差攻擊	Zero Day Attack	事先取得軟體進行破解，針對軟體漏洞進行攻擊
跨站腳本攻擊	XSS	入侵網站伺服器並植入惡意程式，瀏覽網頁時受到不同程度的影響
社交工程	Social Engineering	利用套關係、冒充權威人士等來降低戒心，趁機騙取資料

8. 程式語言

中文	英文	說　明
演算法	Algorithm	表達解決問題先後順序和步驟的方法
流程圖	Flowchart	用特定的圖形符號表達解決問題的程序
虛擬碼	Pseudo code	描述演算法的一種方法

中文	英文	說　明
結構化程式		程式設計基本控制結構：循序、選擇、重複
低階語言		撰寫不易、可攜性低、執行速度快，如：機器語言
高階語言		撰寫較容易、可攜性高、執行速度較慢，如：VB
組譯器	Assembler	將組合語言翻譯成機器語言，如：MS Assembler
直譯器	Interpreter	將高階語言翻譯成機器語言，逐行翻譯，如：QBASIC
編譯器	Compiler	將高階語言翻譯成機器語言，一次翻譯，如：VB
物件	Object	任何具體或抽象的事物
類別	Class	具有類似性質的物件所組成
屬性	Property	物件的外觀特性
事件	Event	驅動物件執行反應的動作
方法	Method	物件本身擁有的能力
封裝	Encapsulation	將資料和處理程序封裝在物件中
繼承	Inheritance	新的物件可以繼承原來物件的能力
多型	Polymorphism	子類別可依需要重新改寫由父類別繼承下來的方法
運算思維	computational thinking	運算思維是運用電腦科學的基礎概念來協助解決問題、設計系統以及理解人類行為
除錯	Debug	錯誤程式碼
積木程式	Visual programming language	視覺化程式設計語言

單元 49. 不知不可

1. 金融科技(Financial technology, FinTech)

(1) 新創企業運用新興科技經營傳統金融服務，例如：存款、貸款、支付、理財、保險等業務之外，虛實整合的雲端金融應用，將更為便利且低成本，為傳統金融產業帶來重大衝擊。

(2) 金融科技仰賴五大基礎建設發展，分別是**大數據分析**、**生物辨識**、**區塊鏈**、**人工智慧**、**行動通訊**以及**雲端服務**領域。所以，線上智能客服機器人、行動支付或虛擬貨幣的交易將會更加普及，相對應的金融安全機制與洗錢防制等法令也將更趨嚴密。

2. 比特幣(Bitcoin)

(1) 比特幣由中本聰(Satoshi Nakamoto)於2009年所創立，是使用數位加密演算法所產生的一種**虛擬貨幣**。

(2) 人人都可以參與比特幣的挖掘，只要遵循規定，透過特定的軟硬體設備解答數學難題，就有機會產出比特幣，此種行為稱之為「**挖礦**」。

(3) 比特幣採用密碼技術來控制貨幣的生產和轉移，產出數量有限制，具有隱秘性，而且**不必經過第三方金融機構**，因此得到越來越廣泛的應用，使用者利用**加密錢包軟體**就能在網路上直接交易。

(4) 目前比特幣已經被許多國家及企業所認可，可用來購買商品或交換實體貨幣，但也有部分人認為這雖是一項金融創舉，但也是一種金融風險，是否接受比特幣，還有待考驗。

3. 區塊鏈(Blockchain)

(1) 區塊鏈起源自比特幣，而**比特幣是區塊鏈的第一個應用**。

(2) 所以區塊鏈可視為不需經由銀行認證交易的**分散式電子帳本**，改由使用者參與記錄；每一次的交易都會被加密打包成一個區塊相互串聯，可供檢驗與追蹤整個交易歷程的詳細資訊。

(3) 區塊鏈又可分為**非實名制**和**實名制**兩種。例如：GCoin交易平台的區塊鏈已可結合認許制度，能配合金融監管所需的反洗錢與身份驗證規範。

(4) 區塊鏈具有**資產履歷追蹤**、**身份辨識**以及**供應鏈資訊交換**三大特性，其應用已不限於金融服務，例如：農產運銷、車輛組裝、政府資料管理等領域皆可看到應用案例。

4. 勒索軟體(Ransomware)

(1) 俗稱勒贖病毒，感染途徑與木馬程式一樣，例如: 點選有木馬程式的連結(網頁)，透過**網頁掛馬**、**電子郵件**、**惡意廣告**及**不實App**等方式入侵電腦。

(2) 勒贖軟體會將受害者電腦中的**檔案加密**，使其無法開啟，或鎖住受害者的電腦系統，導致**無法開機**。受害者必須付清贖金後才能將檔案解密或電腦解鎖。

(3) 例如：勒贖病毒Petya，它是藉由電子郵件偽裝成徵才的求職信，受害者打開附加病毒的執行檔後會使電腦當機，重新開機後，電腦螢幕上呈現一個用「$」符號組成的骷髏頭紅色畫面，並要求付贖金才能解開。

5. 共通性應用程式介面規範(OpenAPI Specification, OAS)

(1) **API是應用程式介面**(Application Programming Interface)的簡稱，提供給第三方開發者使用，讓不同應用程式方便介接資料的連結標準，也就是提供不同系統間標準通用的溝通方式，能縮減開發時程並增加更高的應用價值。

(2) 我國政府建置Open API規範，提供一致性的API規格與說明文件，支援Web連線服務的API，能讓開發者透過應用程式連接網站及存取網站上的資料，並依循**OAS 3.0國際標準，可提高資料的重複使用性及強化安全機制**。

(3) 這套**OAS具備易懂、易讀的特性，協助開發者只需使用簡短的程式碼進行開發，並提供平台測試各項應用服務**。例如：交通部公共運輸整合資訊流通服務平台，即是透過OAS標準開放政府內部旅運資料供廠商介接，對於旅運商務敏銳的第三方業者，就能提出各種智慧交通的創新應用服務。

6. 開放資料(Open Data)

(1) **Open Data**(開放資料)是指**資料可以被任何人所使用**，而且是可以重製與修改的資料格式，**重點是沒有任何使用或散布的限制**，因此Open Data是一種強調「開放」的精神與態度。

(2) Open Data適用在**交通運輸、教育及健康醫療**等領域，政府機關的開放資料也為創業者提供了許多機會。舉例來說，當市政府釋出運輸資料，軟體開發商可以使用這些開放資料來為通勤者設計應用程式，例如「台北等公車APP」。另外，Google公司使用GPS資料集和其他的政府開放資料，也打造出GoogleMaps 和Google Earth等多種應用程式。

7. Wi-Fi網路使用的加密協定

(1) Wi-Fi加解密協定：用來保護無線網路(Wi-Fi)的資料安全，常見的有**WEP、WPA**。

(2) **WEP**(Wireless Encryption Protocol，無線加密協定)：1999年9月通過的IEEE 802.11標準的一部分，不過已經被發現好幾個破解弱點，在2003年被WPA取代，而於2004年WPA2改進了WPA，成為新一代Wi-Fi的加解密協定。

(3) **WPA**(Wi-Fi Protected Access)：有WPA和WPA2兩個標準，WPA可以使用動態變更鑰匙的TKIP協定(Temporal Key Integrity Protocol，臨時鑰匙完整性協定)，並加長金鑰，可以防止針對WEP的「金鑰擷取攻擊」。WPA2提供不同於WPA的加解密法(AES)及資料驗證法，現行的Wi-Fi設備都提供AES和TKIP加密協定讓使用者選用。

8. USB OTG(USB On-The-Go)

(1) USB OTG能夠在不透過電腦的情況下，讓各種不同的設備進行資料交換，它可以外接儲存、輸出入等設備，而且可以直接讀取已連接好的儲存設備中的內容。

(2) 具備OTG功能的手機，透過USB OTG連接線，可在手機上瀏覽儲存於USB隨身碟中的檔案。數位相機和印表機，透過OTG技術連線兩台設備常見的USB接頭，可立即相片列印出來。

9. Lightning 與Thunderbolt

(1) **Lightning**是由**蘋果公司**所製作的專屬連接器規格，使用在iPhone、iPod等手持式消費性電子產品，正反面皆可插，尺寸與Micro USB相近。

(2) **Thunderbolt**是由英特爾發表的連接器標準，與蘋果公司共同研發，接頭採用蘋果的Mini DisplayPort外形，傳輸速度達10Gbp，可連接Apple Thunderbolt Display同時輸出視頻、聲音與數據。

10. USB 3.1與USB Type-C

(1) **USB 3.1**是2014年公布最新的USB連接介面版本，**傳輸速度可達10Gbps**，其連接介面包括Type-A、Type-B以及全新設計的Type-C。

(2) Type-A是目前應用最廣泛的介面，例如：USB滑鼠；Type-B應用於較大型的周邊設備，例如：USB雷射印表機；Type-C則是一種結合多種功能的傳輸介面。

(3) **USB Type-C的特點**

- 尺寸更小，而且正反面都可以插。
- 支援高畫質影音傳輸。
- 速度可達10Gbps，比USB 2.0快了20倍以上。
- 充電速度更快，只要花原本一半的時間即可。
- iphone和Android手機皆可使用。

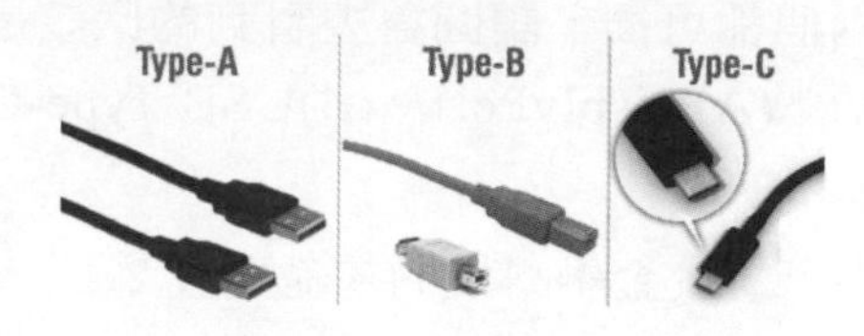

PLAY 考題

( ) 1. 佛朗基的能量來源是「可樂」，當他肚子中的可樂不足時，會自動搜尋距離最近的可樂供應商以便補充能量，請問這是下列何種科技概念的應用？
(A)擴充實境 (B)物聯網 (C)電子市集 (D)雲端運算。

( ) 2. 下列何者不屬於Open Data的應用？ (A)等公車App (B)Google Map (C)通訊軟體Line (D)不動產實價登錄。

( ) 3. 下列何者不是Big Data的特性？ (A)資料來源一致 (B)資料量龐大 (C)資料增加速度快 (D)資料多樣性。

( ) 4. 下列哪一項是應用於Wi-Fi網路的加密協定？
(A)TCP/IP (B)SET (C)SSL (D)WPA-PSK。

( ) 5. 下列哪一種並不屬於雲端運算的應用？ (A)Google Doc線上文件處理 (B)Flickr網路相簿 (C)OneDrive網路硬碟 (D)Windows內建的磁碟重組。

( ) 6. 娜美的USB隨身碟中儲存了許多航海地圖照片，她想要直接用手機讀取隨身碟中的地圖照片，請問娜美要用下列哪一個連接線來連接這兩個裝置？ (A)USB OTG (B)USB Type-A (C)Lightning (D)Thunderbolt。

( ) 7. 魯夫來到了新世界，發現這裏的海賊們所使用的手機傳輸線都使用同一種規格，傳輸速度快，支援高畫質影音，而且正反兩個都可插。請問魯夫看到的應該是下列哪一種傳輸介面？ (A)DisplyPort (B)USB Type-C (C)USB 2.0 (D)IEEE1394b。

( ) 8. 下列何者不屬於金融科技的基礎建設？
(A)大數據 (B)人工智慧 (C)雲端服務 (D)遠端監控。

( ) 9. 下列何者為共通性應用程式介面規範(OAS)的特性？ (A)缺乏一致性的規格與說明文件 (B)支援應用程式連接網站及存取網站上的資料 (C)開發程式碼不易撰寫 (D)缺乏應用服務的測試平台。

( ) 10. 有關區塊鏈的描述，下列何者不正確？ (A)由密碼學、數學及演算法組成 (B)比特幣是區塊鏈的第一個應用 (C)買賣需經過銀行認證交易紀錄 (D)可結合認許制度並接受金融監管。

APP 解答

1	B	2	C	3	A	4	D	5	D	6	A	7	B	8	D	9	B	10	C

單元 50. 112年 四技二專 統測試題

商管群　工管群　電機與電子群資電類

商管群

(　) 1. 已知英文字母I的ASCII值為十六進制49，則ASCII值為十六進制50的英文字母為下列何者？　(A)J　(B)L　(C)N　(D)P

(　) 2. 程序或稱行程(process)是作業系統裡正在處理中的程式，它具有多種狀態。下列哪一種程序狀態是正等著被分配CPU時間來執行程式？　(A)等待(waiting)　(B)執行(running)　(C)新建(new)　(D)就緒(ready)

(　) 3. 關於個人電腦CPU的敘述，下列何者正確？
(A)指令暫存器可用來存放下一個要執行的指令位址
(B)多核心CPU比單核心CPU較易支援平行處理
(C)快取記憶體通常分L1、L2、L3，其中L2、L3內建於CPU之中
(D)CPU的運作中一個機器週期包括擷取、編碼、執行、儲存四個主要步驟

(　) 4. 個人電腦使用Windows作業系統，使用一段時間後儲存大檔案的效率漸漸變差，為改善效率，適合針對原磁碟機做下列何種合理的處理？　(A)磁碟清理　(B)重組並最佳化磁碟機　(C)磁碟檢查錯誤　(D)修復磁碟機

(　) 5. 關於自由軟體的敘述，下列何者正確？
(A)受著作權保護且一定都是免費的
(B)Keynote屬於自由軟體性質的簡報軟體
(C)Calc屬於自由軟體性質的電子試算表軟體
(D)PaintShop Pro屬於自由軟體性質的影像處理軟體

( ) 6. 關於IPv6的敘述，下列何者錯誤？

(A)其位址長度是IPv4的4倍

(B)2001：288：4200：：24符合IPv6位址格式

(C)單一網卡介面可同時設定IPv4及IPv6位址

(D)2001：288：4200：：24此IPv6位址符合以十進制表示方式

( ) 7. 某公司申請了一個IPv4的IP位址範圍為201.201.201.0至201.201.201.255，該公司考量網路管理擬規劃成2個子網路，則其子網路遮罩應為下列何者？ (A)255.255.254.0 (B)255.255.255.0 (C)255.255.255.127 (D)255.255.255.128

( ) 8. 關於區塊鏈(blockchain)的敘述，下列何者錯誤？ (A)使用到密碼學與網路科技 (B)是一種分散式的共享帳簿 (C)需有一個中心化的機構來處理交易 (D)具完整性且無法竄改交易紀錄

( ) 9. 關於檔案傳輸的敘述，下列何者錯誤？

(A)FTP與P 2 P 兩種方式均可分享檔案

(B)BitComet為P 2 P用戶端常用的軟體之一

(C)FileZilla為FTP用戶端常用的軟體之一

(D)用主從式架構來分享檔案之一的方式包含P 2 P

( ) 10. 政府使用網路系統辦理公共工程招標的服務，廠商透過網際網路參與招標，為哪一種電子商務模式？ (A)G 2 B (B)G 2 C (C)C 2 G (D)B 2 G

( ) 11. 關於加解密技術的敘述，下列何者正確？

(A)數位簽章僅達到不可否認性與資料來源辨識性

(B)數位簽章除利用對稱式加密法，亦可利用公開金鑰加密法實現

(C)公開金鑰加密法傳送方利用接收方的公鑰將明文加密，接收方收到密文後使用接收方私鑰可解密

(D)公開金鑰加密法傳送方利用自己的私鑰將明文做數位簽章，接收方收到簽章後使用自己的公鑰可解開簽章

( ) 12. 某學會設計了活動的圖示，預計授權給相關團體的推廣活動加以使用，但要求此活動圖示須標示該學會的作者姓名，可加入自己的元素但必須沿用原授權條款提供分享及不能用在商業用途。依創用授權條款，其CC授權標章為圖(二)中的何者？ (A)甲 (B)乙 (C)丙 (D)丁

圖(二)

( ) 13. 使用Word編輯專題報告包含封面、目錄、圖表目錄及本文等，有關頁碼的數字格式設定如下：封面頁沒有頁碼、目錄為羅馬數字(例如：I、II)、圖表目錄為英文大寫(例如：A、B)及本文為阿拉伯數字(例如：1、2)，要完成上述要求，分隔設定可使用下列何者？ (A)分頁符號 (B)分節符號 (C)文字換行分隔符號 (D)分欄符號

( ) 14. 使用Word編輯時，在圖(三)左邊段落裡日期為阿拉伯數字欲改為右邊段落的形式，須使用下列哪一項相關功能達到此目的？

(A)直書 (B)橫向文字

(C)橫書 (D)垂直文字

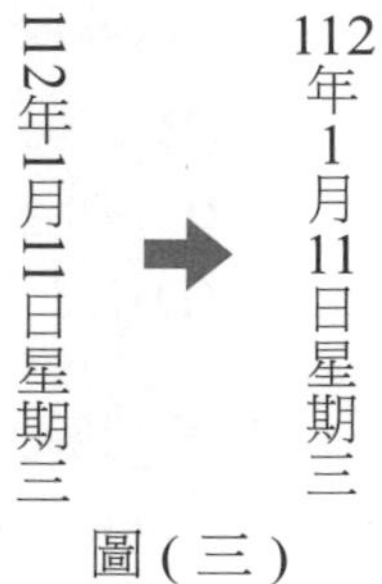

圖(三)

( ) 15. 使用PowerPoint編輯簡報時，封面頁不出現頁碼、內頁要有頁碼且從1開始，相關設定處理除了在頁首頁尾交談窗勾選「標題投影片中不顯示」，還須配合下列何者設定投影片編號起始值為0方可達成？

(A)在「常用」頁籤的「版面配置」

(B)在頁首頁尾交談窗

(C)投影片大小交談窗

(D)在投影片母片中的版面配置

( ) 16. 在電子試算表Excel中，A2、B1、B2、B3及C2儲存格的內存值如圖(四)所示，下列敘述何者錯誤？

	A	B	C	D
1		1		
2	0.2	0.5	0.8	
3		2		
4				
5				
6				

圖(四)

(A) A5儲存格輸入＝SUM(B1：B3, A2：C2)後出現的值為5
(B) B5儲存格輸入＝A2 & B2後出現的值為0.20.5
(C) 將B2儲存格格式設為百分比類別，則該儲存格顯示為50%
(D) C5儲存格輸入＝MAX(B1：B3, A2：C2)後出現的值為50

( ) 17. 在電子試算表Excel中，如圖(五)，B7儲存格內容為＝VLOOKUP(3,$A$2：$D$5,4)，則其運算後B7儲存格值為何？
(A)臺灣
(B)德國
(C)細胞培養
(D)雞胚胎蛋

	A	B	C	D
1	號碼	流感疫苗廠商／名稱	產地	培養方式
2	1	賽諾菲／巴斯德	法國	雞胚胎蛋
3	2	國光／安定伏	臺灣	雞胚胎蛋
4	3	東洋／輔流威適	德國	細胞培養
5	4	葛蘭素／伏適流	德國	雞胚胎蛋
6				
7				

圖(五)

( ) 18. 下列哪一項的主要服務不屬於雲端儲存服務？ (A)OneDrive (B)Google 雲端硬碟 (C)iCloud (D)Azure

( ) 19. 某一廠牌14吋螢幕，解析度設定為1920×1080，捕捉全螢幕畫面並存成全彩RGB點陣圖，其檔案大小為何(四捨五入小數點2位)？ (A)1.98 MBytes (B)5.93 MBytes (C)27.72 MBytes (D)83.02 MBytes

( ) 20. 列印輸出解析度的單位是dpi(dot per inch)，表示每英吋包含的印刷點數。有一張未經壓縮全彩影像點陣圖檔的大小為300 KBytes，若設定列印輸出解析度為200 dpi，則該圖檔的列印尺寸為下列何者？ (A)2英吋×1.25英吋 (B)2英吋×1.5英吋 (C)2.25英吋×1.25英吋 (D)2.25英吋×1.5英吋

(　) 21. 某網頁呈現照片dpi(dot per inch)的資訊，該網頁採用標籤<table>、<tr>、<td>設計一個表格來呈現照片的相對大小，部分網頁HTML語法如圖(六)，標籤未敘明的參數如align均採用預設值(default)。圖中網頁HTML語法，在瀏覽器上的顯示結果為何？

```
<table border="1">
 <tr>
   <td><img src="image01.JPG"></td>
   <td><img src="image02.JPG"></td>
   <td><img src="image03.JPG"></td>
 </tr>
 <tr>
   <td>100dpi
     <br> (100x50)</td>
   <td>200dpi
     <br> (200x100)</td>
   <td>300dpi
    <br> (300x150)</td>
 </tr>
</table>
```

圖(六)

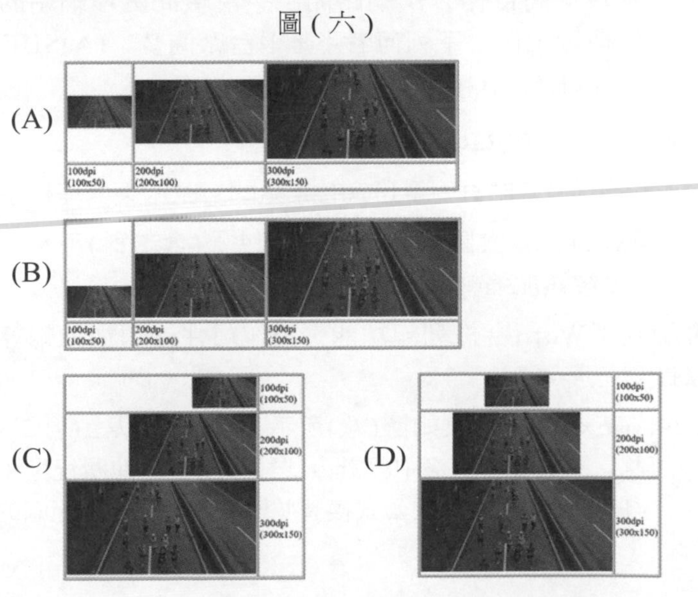

(　) 22. 設計網頁HTML語法時，想將特定一段文字的背景設定為黃色以具有醒目提示的效果，如圖(七)，有關顏色的設定下列何者正確？ (A)FFFF00 (B)FF00FF (C)00FFFF (D)00FF00

```
<html>
<head>
<title>HTML</title>
<style type="text/css">
bgcolor1 {
        background-color: #[   ?   ];
}
</style>
</head>
<body>
<bgcolor1>特定一段文字</bgcolor1>
</body>
</html>
```

圖(七)

(　) 23. 企業經營電子商務若選擇不自行開發平台，而與網路開店平台廠商合作，由網路開店平台廠商處理網站的維護與管理等工作。下列何者不是平台廠商？ (A)SHOPLINE (B)IKEA (C)Cyberbiz (D)91 APP

▲閱讀下文，回答第49-50題

快樂國小3年1班導師針對全班20位學生的考試結果處理程序如下：

① 利用Excel試算表將個別學生二科以上(含二科)不及格者顯示V，以便後續加強輔導

② 導師利用Word合併列印功能，製作信件給須加強輔導同學的家長

(　) 24. 在Excel試算表如圖(八)所示，若二科以上(含二科)不及格，在E 2儲存格中設計公式顯示V，其他狀況則不須顯示任何符號，再將該公式複製並貼到E 2：E 21範圍的儲存格

中，使得這些儲存格有二科以上(含二科)不及格者顯示V，則下列何者為E 2儲存格的公式？

	A	B	C	D	E
1	學號	國語	數學	英語	加強輔導
2	1	55	50	40	V
3	2	90	95	95	
4	3	70	65	50	
5	4	100	100	100	
6	5	95	95	100	
16				:	
17				:	
20	19	50	45	70	V
21	20	30	55	45	V
22					

圖 (八)

(A)= IF(COUNTIF(B2： D2, " < 60 ")> = 2, " V " , "")

(B)= IF(COUNTIF(B2： D2, " < 60 ")> = 2, "" , " V ")

(C)= IF(OR(B2 < 60, C2 < 60, D2 < 60), " V " , "")

(D)= IF(NOT(AND(B2> = 60, C2> = 60, D2> = 60)) , "" , " V ")

( ) 25. 在文書處理軟體 Word 中，導師利用合併列印功能的相關步驟如下，若要產生須加強輔導同學的信件，其必要步驟的順序為何？

① 主文件中插入合併欄位

② 開啟「編輯收件者清單」進行篩選二科以上(含二科)不及格同學名單

③ 選取資料來源 Excel 檔案

④ 開啟「信件」主文件

⑤ 完成與合併列印至主文件

⑥ 完成與合併列印至新文件

(A)①②③④⑤　(B)④③②①⑤　(C)④③②①⑥　(D)④①②③⑥

APP 解答

1	D	2	D	3	B	4	B	5	C	6	D	7	D	8	C	9	D	10	A
11	C	12	A	13	B	14	B	15	C	16	D	17	C	18	D	19	B	20	A
21	A	22	A	23	B	24	A	25	C										

Smart 解析

1. $50_{16}=80_{10}$；$49_{16}=73_{10}$，兩數值相差為7，所以排列在字母I後七個的是字母P。

2. (A)程式計數器可用來存放下一個要執行的指令位址
   (C)L1、L2、L3都是快取記憶體，皆內建於CPU之中
   (D)CPU的運作中，一個機器週期包括擷取、解碼、執行、儲存四個主要步驟。

5. (A)自由軟體受著作權保護，並非全部都是免費的
   (B)Keynote僅支援於Apple裝置的簡報軟體，不屬於自由軟體
   (D)PaintShop Pro是一套相片編修與影像處理軟體，為免費試用軟體。

6. (D) IPv6位址是採十六進制表示。

7. 本題的位址範圍為201.201.201.0至201.201.201.255，屬於Class C級IP位址，子網路遮罩是255.255.255.0。若要規劃成2個子網路，就選最後一組的主機位址，將其最高有效位元設定為1，因此10000000_2轉換10進位為128。所以，子網路遮罩為255.255.255.128。

8. 區塊鏈的特色為去中心化。

9. P2P為點對點的對等式架構。

10. G2B是指政府對企業。

11. (A)數位簽章除可達到不可否認性、資料來源辨識性，以及資料完整性
    (B)數位簽章除可使用公開金鑰加密法(又稱為非對稱式加密法)
    (D)公開金鑰加密法傳送方利用接收方的公鑰將明文加密，接收方收到密文後使用接收方私鑰可解密。

16. 儲存格C5輸入＝MAX(B1：B3,A2：C2)後出現的值為2。

17. =VLOOKUP(3,$A$2：$D$5,4)是指在儲存格$A$2：$D$5的範圍中，先找到內容為3的儲存格，再垂直找第4個儲存格的資料，所以找到的儲存格內容為D4的「細胞培養」。
18. Azure為Microsoft公司推出的公用雲端運算平台，為企業和個人提供隨選基礎架構資源。
19. 1920×1080×24bits＝5.93MBytes。
20. 設列印尺寸為(圖寬×200dpi)×(圖高×200dpi)=300 Kbytes，所以答案為2英吋×1.25英吋。
21. <tr></tr>會增加一列表格，所以會有垂直兩列的表格，<tr></tr>則是增加一個儲存格，所以會有三個水平表格，並在儲存格內插入圖片。
22. HTML語法的色彩格式為#RRGGBB採用十六進制數值表示，紅色與綠色調到最強為黃色。
23. IKEA為家具家飾公司官方經營網站，不屬於網路平台提供商家網路開店服務。
24. =IF(COUNTIF(B2：D2, " < 60 ") > = 2 , "V" , "")=IF(3>=2, "V" , "")=IF(TRUE, "V" , "")顯示「V」。

工管類

( ) 1. 關於試算表軟體的說明，下列何者正確？

(A) Microsoft所推出的OneDrive系統不可匯出試算表檔案
(B) LibreOffice Calc軟體預設的儲存試算表檔案的副檔名為ODS
(C) Microsoft Excel無法支援ODF開放文件格式(Open Document Format)
(D) CSV(Comma-Separated Values)格式內的每筆紀錄之間使用逗號隔開，每個欄位之間使用換行來隔開

(　) 2. 關於專案管理(Project Management)的概念說明，下列何者錯誤？
(A)專案執行有預算限制
(B)專案的工作項目與內容要有清楚規範
(C)由於專案為反覆進行，因此沒有明確的結束時間
(D)通常需要滾動調整與修訂，來達成專案所設定之目標

(　) 3. 林生家裡有上網使用網際網路的需求，經洽詢網際網路服務提供者(ISP)後，決定採用非對稱數位用戶迴路(ADSL)，讓家裡的電腦可以透過電話線路存取網際網路，安裝完成後林生發現家裡電話機旁邊多一部裝置，服務人員稱呼該裝置為數據機，下列何者是該裝置的必要功能？(A)將電話機語音訊號加密處理　(B)提供家裡電話來電顯示功能　(C)提供電話機語音費用計算功能　(D)將數位訊號與類比訊號雙向轉換

(　) 4. 網際網路通訊協定的TCP/IP分層架構中，下列何者是屬於應用層的通訊協定？　(A)IP　(B)TCP　(C)UDP　(D)HTTP

(　) 5. 雲端文書編輯軟體是一種雲端應用程式，可方便專案成員遠距離即時協同完成文件編輯，下列何者不是雲端文書編輯軟體？　(A)Office 365　(B)Google表單　(C)Google文件　(D)Microsoft Word 2013

(　) 6. 甘特圖是軟體開發專案經常會使用的工具，下列何者是其主要的管理功能？　(A)工作排程　(B)美工設計　(C)資源整合　(D)版本控制

(　) 7. 阿宏和小君畢業後共同合作創業設立公司，但是公司草創初期，沒有足夠的經費購置伺服器設備，也沒有人力維護管理網路硬體設備。兩人打算創業第一年先專注在研發的工作上，以租賃的方式向雲端供應商租用公司所需的伺服器、儲存空間及運算資源。基於以上敘述，阿宏和小君所租賃的方案屬於何種雲端運算服務類型？

(A)平台即服務(Platform as a Service , PaaS)
(B)軟體即服務(Software as a Service , SaaS)
(C)通訊即服務(Communications as a Service , CaaS)
(D)基礎架構即服務(Infrastructure as a Service , IaaS)

( ) 8. 小君在一個月前登入購物網站，並在購物車加入5樣商品，今日登入該購物網站仍可看到購物車中的待購商品記錄，操作瀏覽器時，點擊特定按鈕、登入資料歷史都有被記錄下來，上述所指可為何種技術的應用？ (A)ftp (B)SSL (C)streaming (D)cookie

( ) 9. 關於Coggle線上心智圖軟體的說明，下列何者正確？
(A)最初是為人類心理學的臨床應用所開發
(B)主要應用於圖像、影像編輯
(C)Coggle支援Markdown語法，但目前尚未允許多人協作共創
(D)心智圖內所有資訊皆以輻射線形方式連貫在一起，幫助專案的成員有邏輯地專注於某一項主題

( ) 10. 某些軟體基於推廣使用，開放提供部分或完整功能，若有一套軟體依據通用公共授權條款(General Public License)開放其原始碼，使用者亦可以重製、修改及散布，此軟體歸類為下列哪一項授權類型？ (A)自由軟體 (B)共享軟體 (C)免費軟體 (D)公用軟體

( ) 11. 陳生是藝術設計系的學生，設計了一系列精美的畫作，並決定把這些作品公開在網路上，採用創用CC釋出，希望利用人可以依指定的方式表彰姓名，用於非商業性用途及以相同方式分享。陳生應標示何種創用CC核心授權條款？
(A) cc BY NC SA (B) cc BY SA (C) cc BY NC (D) cc BY NC ND

( ) 12. 小方收到好友大宏傳來的訊息，說明因帳號重新登入需要朋友的電話號碼與密碼幫忙驗證，小方好心提供資料之後卻發現兩人帳號均被盜用，此情況是屬於下列哪一類的資安攻擊手法？

(A)間諜軟體(Spyware)
(B)社交工程(Social Engineering)
(C)零時差攻擊(Zero Day Attack)
(D)分散式阻斷服務(Distributed Denial of Service , DDoS)

(　)13.小明參與課程期末小組專案，並擔任組長負責推動專案工作的執行，距離專案結案尚有6天時，有多位成員同時感染COVID-19病毒，雖症狀輕微但依當時規定須居家隔離7天，為了專案能持續進行並準時結案，下列何者是小明的最佳因應方案？
(A)尋求小組外其它同學的幫助
(B)由組長承接染疫成員的工作
(C)等待染疫成員到校再持續工作
(D)導入視訊會議軟體做遠距溝通

(　)14.下列何種決策和大數據分析最沒有關係？
(A)設定警察夜間巡邏的路線
(B)輔助醫生診斷患者的病症
(C)決定線上購物平台的販賣商品種類
(D)分配國立故宮博物院國寶類藏品的登錄編號

(　)15.關於關聯式資料庫的敘述，下列何者錯誤？
(A)SQL語言可以用於關聯式資料庫操作
(B)無法節省資料重複輸入的時間與儲存空間
(C)可確保異動資料(新增、修改、刪除)後的一致性及完整性
(D)關聯式資料庫由兩個或是兩個以上的資料表(Table)所組成

(　)16.子元在學校負責管理實驗室的電腦網路，實驗室目前有10台電腦都需要連上網路，擬採動態方式配置IP，於是子元建置DHCP(Dynamic Host Configuration Protocol)伺服器，用以提供實驗室的電腦自動取得IP設定，關於DHCP動態主機設定協定之敘述，下列何者正確？

(A) DHCP用戶端無須傳送IP請求訊息，DHCP伺服器會主動配發IP位址
(B) DHCP用戶端取得IP位址之後，仍需要定期向DHCP伺服器更新租約
(C) DHCP用戶端的租約到期之後，不可以再繼續要求使用同一個IP位址
(D) DHCP用戶端可以分配私有(Private)IP位址給內部子網路的所有電腦

(　) 17. 在《用數據看臺灣》的網站中，有一項為使用政府資料開放平台彙整的全臺各縣市即時雨量資料，為了方便呈現臺灣不同區域的降雨量情況，小美將該資料中的縣市地點簡化為北部、中部、南部、東部等4個區域，此項資料處理方法稱為？
(A)資料清洗(Data Cleaning)
(B)資料轉換(Data Transformation)
(C)資料探勘(Data Mining)
(D)資料視覺化(Data Visualization)

(　) 18. 下列何者不是資訊系統、網路系統的發展趨勢？　(A)數據巨量成長　(B)計算能力越來越強　(C)資訊安全威脅越來越少　(D)連網的設備越來越多元

(　) 19. 小胖負責公司辦公區的網路管理工作，目前辦公區所有的電腦皆連接在同一個乙太網路交換器上，某天業務經理提出應該讓同仁的智慧型手機也可以透過Wi-Fi訊號連接辦公區的網路，請小胖在最少變動條件下擴充網路，下列何者是小胖必要增加的設備？　(A)防火牆　(B)5G基地台　(C)Wi-Fi訊號掃描器　(D)無線網路基地台(Access Point，AP)

(　) 20. 老師將班上同學的學期成績輸入到電腦試算表中處理，同時依據這些處理後的成績產生該班同學成績分佈的直方圖，並將此圖儲存成副檔名為png的圖檔，下列何者不是分析此圖檔資訊的優點？

(A)容易分析成績分佈的趨勢
(B)容易還原個別同學的原始成績
(C)容易理解此課程的難易度
(D)容易記憶這班同學的學習成效

( ) 21.小文懷疑公司電腦設備被植入木馬程式，想要查看目前Windows電腦所有TCP/UDP Port使用的即時狀態，確認目前連線運作中的內容，可以透過哪一個指令查看目前所使用的電腦與遠端連線狀況？ (A)ping (B)nslookup (C)ipconfig/all (D)netstat-na

( ) 22.風間上電腦課時要使用電腦處理資料，為了避免“垃圾進、垃圾出”(Garbage In Garbage Out，GIGO)問題的發生，他必須做什麼動作才能避免資料所發生的GIGO問題？ (A)使用雲端運算 (B)安裝防毒軟體 (C)輸入資料預處理 (D)提高電腦的運算能力

( ) 23.著作權法對權利人的作品及資料庫，提供著作權保護。「公眾領域貢獻宣告」(CC0)開放大眾使用，釋出公眾領域，讓其他人可以任何目的自由地以該著作為基礎，從事創作、提升或再使用等行為，下列關於CC0之敘述何者錯誤？

(A)CC0是一種「不保留權利」的授權選擇，任何人都可以使用該作品
(B)CC0能讓權利人選擇不受著作權以及資料庫相關法律保護的方式
(C)改作CC0釋出作品時，必須標示姓名，授權要素與CC條款皆相同
(D)CC0是不可以撤回的，意即授權後，事後不得對該作品再主張權利

( ) 24.關於版本控管軟體的敘述，下列何者正確？

(A)Microsoft Office 365尚未支援版本控制功能
(B)GitHub內的Master分支主要是存放未穩定之測試版本

(C) GitHub是透過Git進行版本控制的軟體原始碼代管服務

(D) Google雲端硬碟僅能執行Google Docs檔案的版本控制，目前無法針對上傳至Google雲端硬碟的Microsoft Office檔案進行版本控制

(　) 25. 開放系統連結(Open System Interconnection，OSI)通訊協定當中的每一層，均有特定的處理作業，並與其上下層進行通訊，關於OSI通訊協定七層架構中，各層處理資料之說明，下列何者敘述正確？

(A) 資料連結層(Data Link Layer)在區段資料中加入IP位址形成封包(Package)，並選取傳輸的最佳路徑

(B) 網路層(Network Layer)會在封包資料中加入目的位址(MAC)形成資料框(Frame)，再加上錯誤檢查碼

(C) 傳輸層(Transport Layer)將訊息切割成區段(Segment)，該層會監控網路流量及處理資料遺失時重送

(D) 表達層(Presentation Layer)主要確認雙方的通訊模式，以及傳輸工作的偵錯、復原和結束連線方式等

APP 解答

1	B	2	C	3	D	4	D	5	D	6	A	7	D	8	D	9	D	10	A
11	A	12	B	13	D	14	D	15	B	16	B	17	B	18	C	19	D	20	B
21	D	22	C	23	C	24	C	25	C										

Smart 解析

1. (A) OneDrive為免費雲端儲存空間，可可匯出試算表檔案

   (C) MS Excel支援ODF開放文件格式

   (D) CSV格式是將每個欄位之間使用逗號隔開，而每筆紀錄之間使用換行來隔開。

2. 任何專案的生命週期，均有「結束」階段以評估績效，並以此做為下次重複循環的依據。

7. 基礎架構即服務(IaaS)提供IT基礎設施，例如運算、儲存和網路資源。

12. 社交工程係利用人性弱點，應用簡單的人際溝通和欺騙技倆，以獲取帳號、通行碼、身分證號碼或其他機敏資料。

21. 使用netstat –na. 指令可列出當下所有在監聽狀態下及無狀態的TCP/UDP Port。

22. 資料預處理是將收集到的資料中，挑出不完整、有雜訊不一致以及重複的紀錄，加以調整或清除，以提高資料品質。

資電類

( ) 1. 關於微處理機的匯流排(Bus)，下列敘述何者正確？
(A)位址匯流排為雙向排線
(B)控制匯流排用來傳輸資料位址
(C)資料匯流排為雙向傳輸排線
(D)位址匯流排有16條線時，最大定址範圍到10 6

( ) 2. 若資料匯流排有16條線，位址匯流排有16條線，一般可以定址多少位元組(Bytes)的範圍資料？ (A)128 K (B)256 (C)64 K (D)4 G

( ) 3. 小文比較電腦與週邊間的並列傳輸與串列傳輸製成表(二)，下列何者正確？

	資料傳輸線	適合距離	一次的資料量	使用於
串列傳輸	① 較多	② 較遠	③ 4位元	④ UART
並列傳輸	⑤ 較少	⑥ 較近	⑦ 1位元	⑧ 印表機埠LPT

表(二)

(A)①⑤②⑥ (B)①⑤③⑦
(C)②⑥③⑦ (D)②⑥④⑧

( ) 4. 下列哪一個介面，無法作為支援外接螢幕輸出的管道？
(A)HDMI(High Definition Multimedia Interface)
(B)VGA(Video Graphics Array)

(C)DP(Display Port)
(D)SCSI(Small Computer System Interface)

( ) 5. 關於單核心與多核心微處理機，下列敘述何者正確？
(A)用來構成多核心的中央處理單元(CPU)內核必須完全相同
(B)四個中央處理單元(CPU)內核，表示可能有三倍以上的工作執行效率，不需要特別作業系統以及應用程式的支援
(C)比較多核心與單核心微處理機的性能時，能耗的大小與時脈信號的快慢，也是重要的參考因素
(D)執行緒(Thread)只能用在多核心微處理機中，單核心微處理機並不適用

( ) 6. R公司利用多核心微處理機設計單板微電腦的規格如表(三)，下列敘述何者錯誤？

項目	規格
多核心微處理機	四核心(Cortex-A72)64 – bit @ 1.5 GHz 快取記憶體L1(每核)：32 KB(資料)+48 KB(指令)、L 2：1 MB
記憶體	4 GB LPDDR4 – 3200 SDRAM
無線通訊	2.4 GHz and 5.0 GHz IEEE 802.11ac, Bluetooth 5.0, BLE
USB埠(個數)	USB 3.0(2),USB 2.0(2)
螢幕輸出介面(個數)	micro – HDMI ~ 4 k60 p(2)
電源	USB type C(5 V, 至少15 W)

表(三)

(A)核心的工作頻率可以是 1.5 GHz
(B)記憶體使用 4 GB 靜態隨機存取記憶體
(C)四核心共用 1 MB 的 L 2 快取記憶體
(D)可以支援二個 HDMI 螢幕輸出、四個 USB 裝置

(　) 7. 關於微電腦外部非揮發性資料儲存設備，下列敘述何者正確？　(A)必須使用動態隨機存取記憶體　(B)必須使用並列傳輸資料的方式　(C)必須在斷電後仍然可以保存資料　(D)必須使用 USB type A 接頭

APP 解答

1	C	2	A、C	3	D	4	D	5	C	6	B	7	C

Smart 解析

1. (A)位址匯流排為單向傳輸。

   (B)控制匯流排是傳輸控制訊號。

   (D)位址匯流排有16條線時，最大定址範圍到2的16次方。

2. 使用16條資料線，表示每字組(Word)為16bits=2Bytes

   若單看16條位址線，代表最大定址空間為2^16 Bytes=64KB

   而整個記憶體容量為最大定址空間*字組大小

   =64K*2Bytes=128KB；所以64KB與128KB皆正確。

3. 串列是一次1bit，用1條資料線，適用於長距離傳輸，常見規格有UART。

   並列則是一次8bit，用8條資料線，適用於短距離傳輸，常見規格有LPT，所以②，④，⑥，⑧正確。

4. SCSI是專用於連接外部儲存裝置的介面，無法支援外接螢幕輸出。

5. (A)構成多核心的中央處理單元，內核未必完全相同。

   (B)多核心的中央處理單元都需要特別作業系統及應用程式的協助調配。

   (D)執行緒也可用於單核心微處理機。

6. SDRAM是指動態隨機存取記憶體。

7. 非揮發性記憶體是指當電源供應中斷後，記憶體裡的資料不會消失。

統一入學測驗模擬試題（五）

單元41～50	得
班級：＿＿＿＿＿ 姓名：＿＿＿＿＿＿ 座號：＿＿＿＿	分

本試卷共 25 題，每題 4 分，共 100 分

(　) 1. 下列何者不是常見的社群網站？　(A)Facebook　(B)Instagram　(C)Twitter　(D)Chrome。

(　) 2. 下列關於電腦硬體規格的敘述，何者不正確？　(A)這台噴墨印表機具備30PPM的高速列印引擎　(B)這台螢幕支援1280×1024的高解析度　(C)這台筆記型電腦使用的是100BaseTX的無線傳輸網路卡　(D)這台電腦的記憶體可以升級至8GB的容量。

(　) 3. 在物件導向的觀念中，下列何者表示某物件的屬性？　(A)吹風機使用220伏特電壓　(B)電視播放電影　(C)電腦編譯程式語言　(D)隨身聽播放音樂。

(　) 4. 冠狀病毒疾病(COVID-19)在全球大流行，各國染疫人數爆增，許多企業透過雲端視訊會議應用軟體進行遠距辦公，試問下列哪一個應用軟體不是此類軟體？　(A)Google Meet　(B)Microsoft Teams　(C)Zoom　(D)Impress。

(　) 5. 淑華是個Youtuber，經營多年後也累積上萬個訂閱者，於是淑華想要為自己的短片加上一小段2D動畫當片頭。請問下列何種軟體最適合淑華？　(A)Adobe Premiere Pro　(B)Audacity　(C)Maya　(D)Adobe Animate CC。

(　) 6. 下列哪一項是電腦五大單元中用來儲存資料和程式？　(A)輸入單元　(B)輸出單元　(C)控制單元　(D)記憶單元。

(　) 7. ASCII碼為了能表示128個字元，故最少需採用多少個位元來表示一個字元？ (A)7 (B)8 (C)16 (D)4。

(　) 8. 電腦的基本架構可分為五大單元，其中輸入單元的功用主要為何？ (A)儲存資料和程式 (B)接收使用者輸入的資料 (C)負責指揮協調各單元之間的運作和資料傳送 (D)執行資料的算術、邏輯和關係運算。

(　) 9. 某部電腦的主記憶體最大定址空間為8GB，其所代表的意義為何？ (A)電腦一次能處理8GB的資料 (B)此部電腦有33條的位址匯流排線 (C)此部電腦有8條的資料匯流排線 (D)CPU的執行速度為8GHz。

(　) 10. 有一台數位相機裝有32GB的記憶卡，請問此記憶卡大約可存放多少張10MB大小的數位照片？ (A)約650張 (B)約6,500張 (C)約3,200張 (D)約32,000張。

(　) 11. 假設有一張點陣圖，其長寬的像素為3600×2400，若以600像素/英吋列印時，會列印出長寬各是多少英吋的點陣圖？ (A)長寬各為1.2、0.8 (B)長寬各為6、4 (C)長寬各為12、8 (D)長寬各為36、24。

(　) 12. 二進位數11000011和下列哪一個數值不同？ (A)十進位數195 (B)十六進位數C3 (C)八進位數603 (D)四進位數3003。

(　) 13. 十進位數值$(87)_{10}$相當於下列何者？ (A)$(1010101)_2$ (B)$(126)_8$ (C)$(57)_{16}$ (D)$(2221)_4$。

(　) 14. 下列哪一個與速度無關？ (A)GIPS (B)PPM (C)DPI (D)BPS。

(　) 15. 顯示卡以1024×768，24bits全彩顯示，最少需要多少的Video RAM？ (A)512KB (B)2MB (C)3MB (D)4MB。

( )16. 已知A的ASCII碼是65_{10}，B的ASCII碼是66_{10}，以此類推，試問「M」的ASCII碼以「2進位」表示為下列何者？ (A)11001101 (B)01001111 (C)01011101 (D)01001101。

( )17. 海盜獵人索隆在休假島購置了一台數位相機，已知此相機使用16G的SDHC卡，最多能拍攝4096×3072的全彩JPEG相片4096張，請問其拍攝照片時使用的壓縮率是多少？(壓縮率 = 壓縮後大小：原圖大小) (A)1:20 (B)1:9 (C)1:5 (D)2:1。

( )18. 魯夫的電腦安裝Windows作業系統，並設定以1280×1024為桌面的顯示解析度，採用32位元的高彩，請問至少需要多大的記憶空間？ (A)2MB (B)5MB (C)8MB (D)32MB。

( )19. 一張4GB的SD記憶卡，最多可存多少張1280×1024的全彩照片？ (A)100 (B)200 (C)500 (D)1000。

( )20. 科技浪潮襲擊，社群媒體、工具、網站、APP，蓬勃發展，下列哪些是社群交流中須遵守的原則？①語言禮節 ②訊息真實性與否 ③律法的遵循 ④自我保護的機制 ⑤坦誠個資掏心以對 (A)①②③④ (B)②③④⑤ (C)①②③⑤ (D)①②④。

( )21. 下列何者的功能為用來匯集及分發網頁內容，使用者可透過其來訂閱BLOG、新聞及留言板等服務？ (A)DNS (B)OS (C)CSS (D)RSS。

( )22. 隨著資訊科技的進步以及網路的發展，產生的資料越來越多，所以透過資料庫來管理資料越來越重要，下列相關敘述，何者有誤？

(A) MS Access是屬於資料庫管理系統軟體

(B) 資料庫可多人共享資源，可設定資料存取權限，維護資料的安全性

(C)資料庫可以保持資料的一致性，減少資料的重複性

(D)關聯式資料庫適合處理非規則性的資料，如圖像、影音、文件資料等。

( )23. 下列何者是一種用來定義網頁資料(如文字、表格、圖片等)的樣式及特殊效果的標準，在網頁中套用相同的樣式表，可建立風格統一的網站？ (A)BIOS (B)CSS (C)GPS (D)CMOS。

( )24. 下列何者不是RFID的應用？ (A)高速公路電子收費(ETC) (B)自然人憑證 (C)悠遊卡 (D)動物晶片。

( )25. 下列關於編譯式程式語言的敘述，何者有誤？
(A)當原始程式編譯完成，可產生機器語言的程式
(B)VB、C、Java都屬於編譯式語言
(C)每次執行時都必須重新編譯
(D)編譯式語言是屬於高階語言的一種。

超人 60 DAYS 特攻本-數位科技概論與應用(113 年統測適用)

作　　者：薛博仁
企劃編輯：石辰蓁
文字編輯：詹祐甯
設計裝幀：張寶莉
發 行 人：廖文良

發 行 所：碁峰資訊股份有限公司
地　　址：台北市南港區三重路 66 號 7 樓之 6
電　　話：(02)2788-2408
傳　　真：(02)8192-4433
網　　站：www.gotop.com.tw
書　　號：AER060000
版　　次：2023 年 09 月初版
建議售價：NT$280

國家圖書館出版品預行編目資料

超人 60 DAYS 特攻本：數位科技概論與應用(113 年統測適用) / 薛博仁著. -- 初版. -- 臺北市：碁峰資訊, 2023.09
面；　公分
ISBN 978-626-324-614-0(平裝)
1.CST：數位科技
312　　112013924

讀者服務

- 感謝您購買碁峰圖書，如果您對本書的內容或表達上有不清楚的地方或其他建議，請至碁峰網站：「聯絡我們」\「圖書問題」留下您所購買之書籍及問題。(請註明購買書籍之書號及書名，以及問題頁數，以便能儘快為您處理）
http://www.gotop.com.tw
- 售後服務僅限書籍本身內容，若是軟、硬體問題，請您直接與軟、硬體廠商聯絡。
- 若於購買書籍後發現有破損、缺頁、裝訂錯誤之問題，請直接將書寄回更換，並註明您的姓名、連絡電話及地址，將有專人與您連絡補寄商品。